BIRDER\SPECIAL

タカの渡り観察マニュアル

HAWK WATCHING MANUAL

久野公啓／著

文一総合出版

群れ飛ぶ**タカ**たち

渡り観察のいちばんの魅力──
それは，たくさんのタカを見られること

❶アカハラダカの群れ。長崎県や沖縄県では，時に万単位の渡りを観察できる　9月 烏帽子岳
❷9月下旬の長野県白樺峠。多くのホークウォッチャーがサシバやハチクマの集団を待つ。
当地では2001年9月22日に7,431羽のタカを記録した

❶谷から湧き上がるサシバ
とハチクマの混群
9月 白樺峠
❷頭上を流れるノスリ
4月 龍飛崎
❸上昇気流を利用して旋
回するサシバの航跡
9月 白樺峠

眼の合う
瞬間

移動中のタカが至近距離を飛ぶこともある
鋭い視線で睨まれたとき，鼓動が昂ぶる

❶ハチクマ成鳥雌　9月 白樺峠
❷ハヤブサ成鳥雄　4月 龍飛崎（定住個体）
❸ノスリ成鳥　4月 龍飛崎

躍動する
命

タカにとって渡りは命がけ
荒ぶる風をものともせず，海を越えてゆく

❶ノスリ成鳥　4月 龍飛崎
❷オオタカ若鳥雄　3月 龍飛崎
❸オオワシ成鳥　3月 宗谷岬

CONTENTS

COLUMN

【表紙写真】ハチクマ成鳥雌　9月 白樺峠　【裏表紙】アカハラダカの集団　9月 烏帽子岳
【扉】ハイタカ成鳥雄　4月 龍飛崎

各部名称

ハヤブサ成鳥

横斑
体軸と直角方向に長い
まだら模様

翼指
ハチクマ：6枚

下雨覆

初列風切
Primaries

次列風切
Secondaries

淡色羽縁

アイリング

ハヤブサ髭（ひげ）

ハチクマ成鳥♂

喉

胸

脇

脛

腹

S5
S4
S3
S2
S1
P1
P2
P3
P4
P5
P6
P7
P8
P9
P10

次列風切（略号：S）は
外側からナンバリング

初列風切（略号：P）は
内側からナンバリング

オオタカ成鳥♂

眉斑

下尾筒

過眼線
（眼帯）

虹彩
（この個体では
オレンジ色の部分）

翼指
サシバ：5枚

サシバ幼鳥　　腮線

腕

手

翼開長
翼が全開時の翼端
から翼端までの長さ

全長
嘴の先端から尾の
先端までの長さ

翼長
翼を閉じたときの
翼角～翼端の長さ

縦斑
体軸と並行方向に
長いまだら模様

小翼羽

翼指
ノスリ：5枚

ノスリ成鳥

上雨覆

翼角

肩

背

頭

ろう膜

ノスリ成鳥

上尾筒　　腰

R1
R2
R3 R4 R5 R6

尾羽
Rectrices
(Tail feathers)

尾羽（略号：R）
は内側からナンバリング

用語解説

✎ 分類に関するもの ✎

ワシ タカ目に属するもののうち, 大形で暗色の体下面をもつ種を指す慣用的な言葉。タカとの区別は分類学的なものではなく, 種名への使い分けをみてもあいまいな部分が多い。

タカ 広い意味ではタカ目とハヤブサ目を合わせた鳥を指し, 本書で頻出する「タカの渡り」という記述の中の「タカ」にはハヤブサ目を含めるものとした。狭い意味ではタカ目に属する鳥。さらに狭い意味ではタカ目に属する種のうち, 中形か小形で褐色や淡色の体下面をもつ種を指す。

ハヤブサ 広義にはハヤブサ目に属する種の総称として用いられるが, 狭義には種名としてのハヤブサを指す。ハヤブサ類はかつてタカ目に属すると考えるのが一般的だったが, 遺伝的な隔たりが大きいとして, 近年では独立した分類群として扱われることが多い。

✎ 渡り・移動に関するもの ✎

夏鳥 (なつどり) 春に飛来して繁殖, 秋には飛去し, 冬は見られない鳥。

冬鳥 (ふゆどり) 越冬期のみ生息し, 繁殖期には別の地域へと飛去してしまう鳥。

旅鳥 (たびどり) 春, あるいは秋の渡りの時期のみに現れ, 繁殖期, 越冬期には見られない鳥。

迷鳥 (めいちょう) 本来の生息域から外れた場所に現れた鳥。

※例えばサシバの場合, 北海道では迷鳥, 本州の繁殖地域では夏鳥, 西日本などの非繁殖域では旅鳥, 南西諸島では旅鳥あるいは冬鳥と区分される。

渡り (わた) 繁殖地と非繁殖地との間の定期的な移動。

分散 (ぶんさん) 幼鳥, ときに成鳥が繁殖地から離れ, 新天地を目指す移動。

侵入 (しんにゅう) 不定期に, 方向や距離も不定に起こる長距離の移動のこと。高緯度地域で繁殖する鳥のうち, 年によって資源量が大きく変動する特定の食物（小形

田んぼでアマガエルを捕らえたサシバ成鳥雄。本州には夏鳥として飛来し, 里山などで繁殖する

哺乳類，種子，果実など）を利用するものに見られる。日本ではケアシノスリ，イスカ，レンジャク類がその代表例。

ルート, コース
どちらも移動経路のこと

だが，ルートは個々のタカが実際に移動した経路を指すこともあれば，たくさんのタカが通過する場所，あるいはその連なりを指す場合があり，文脈によって意味が大きく変化する。誤解を招きやすいので，本書ではこの用語は使用しない。

飛翔に関するもの

上昇気流
（じょうしょうきりゅう）
上向きの気流のことで，いくつかに分類できる。気流が斜面にぶつかることで，水平方向の気流に上向きの成分が加わったものを「地形性上昇気流」といい，空気が太陽熱などによって温められることによって発生する上昇気流を「対流性上昇気流」という。地表面の熱によって発生するものは「熱気泡」または「サーマル」と呼ばれる。

※海上で発生する熱気泡は「シーサーマル」と呼ばれる。陸上に比べて規模は小さいが比較的安定して発生する。無風の夜明けごろ，海上のあちこちで旋回上昇するカモメ類が利用しているのがこれ。夜間に海上を飛び続けるタカたちも，この気流を利用していると考えられる。

鷹柱
（たかばしら）
移動するタカの集団が，上昇気流の中で旋回する様子のこと。

帆翔
（はんしょう）
上昇気流の中で翼を広げ，羽ばたかずに旋回をくり返す飛び方。

搏翔
（はくしょう）
羽ばたきながら水平方向に移動する飛び方。

滑翔
（かっしょう）
羽ばたかずに水平方向（多くの場合は少しずつ降下していく）に移動する飛び方。タカ類が水平移動するときは搏翔と滑翔を組み合わせることが多いが，ミサゴは搏翔のみで長時間，飛び続けることができる。

ハンギングするケアシノスリ幼鳥。侵入と呼ばれるタイプの移動をするタカで，北半球の各地でこうした移動が記録されている。しばしば停空飛翔をしながら獲物を探す

ノスリの小群が熱気泡の中で帆翔しながら上昇する様子を動画を加工して航跡写真として表現した。熱気泡の形状は円柱形，あるいはソーセージ形などと表現される

停空飛翔
（ていくうひしょう）

空中の一点で飛び続けるもの。羽ばたきを伴う「ホバリング」と伴わない「ハンギング」に区別される。ノスリ類とチョウゲンボウは停空飛翔を得意とするが，大半のタカはこれができない。ホバリングするノスリのすぐ近くで，それを真似しようとトライするハチクマの幼鳥を観察したことがあるが，まったくうまくいかなかった。

成長・年齢に関するもの

成鳥
（せいちょう）

羽色，虹彩色などに，加齢による変化が見られなくなった年齢に達した鳥。繁殖可能年齢に達した鳥という意味で使う場合もあるが，成鳥に達する前に繁殖が可能になる鳥も少なくない。成鳥の羽衣とそれぞれの羽毛を成羽と呼ぶ。

若鳥
（わかどり）

最初の換羽が始まってから，成鳥に達するまでの期間の鳥。成鳥と若鳥は厳密に区別できない場合がある。また，幼鳥と若鳥にはこれとは異なる区分の仕方がある。

幼鳥
（ようちょう）

巣立ってから，最初の換羽が始まるまでの期間の鳥。幼鳥の羽衣とそれぞれの羽毛を幼羽と呼ぶ。幼羽の先端は淡色羽縁と呼ばれる白い部分が目立ち，換羽の有無を知る手がかりとなるが，摩耗しやすい。

雛
（ひな）

孵化して巣立つまでの期間の鳥を指すが，タカの場合，まだ飛べない雛が枝伝いに巣を離れるケースがある。また，巣立った鳥が再び巣に戻るのは日常的に見られる。雛と幼鳥の区別も簡単ではない。

体に関するもの

換羽
（かんう）

羽毛が定期的に抜け替わること。サシバやハチクマなどの中形種やそれより小さいタカでは，1年間で全身の羽毛が更新される。ミサゴやワシ類など，より大きな種では，さらに長い期間をかけて羽毛を更新してゆく。換羽は基本的に左

ハチクマ成鳥雄。左右同じ位置で初列風切の換羽が進行している（P1〜5が新羽，P6が伸長中，P7は脱落）。ハチクマの成鳥雄の虹彩は通常，暗褐色だが，この個体は赤色。捕獲調査では，虹彩色の赤色味が加齢とともに弱まり，暗褐色へと変化した例が多数記録されているので，この個体は若鳥の可能性もある

右の同じ部位が同じタイミングで進行する。換羽を中断して渡りの時期を迎える鳥が多いが、ハチクマは換羽の進行中に秋の渡りをスタートするので、初列風切の一部が伸長しつつある個体がしばしば観察される。

虹彩（こうさい）

瞳孔の周りの膜状の組織で、収縮することで瞳孔の直径を調節し、網膜に届く光の量をコントロールする。ヒトではブラウン、グリーン、ブルーなどさまざまな虹彩色がある。タカ目の鳥も虹彩色のバリエーションが豊かで、種、年齢、性別を見分ける上での重要な識別点になる。なぜ虹彩色にさまざまなものがあるのかは、よくわかってない。

翼指（よくし）

タカ目、コウノトリ目、ペリカン目、ツル目の帆翔を行う鳥がもつ、指状に分離する風切羽。翼端部の気流を整えることで、安定した揚力、推力を発生させつつ、乱流などの翼への負担を減らす機能があるとされる。分離する風切羽は外弁と内弁に欠刻とよばれる凹みが発達する。

素嚢（そのう）

食道の一部が袋状に発達し、食べた物を一時的に蓄える器官。すべての鳥に見られるわけではなく、タカ類、ハヤブサ類ではよく発達する。タカは手に入った獲物をできるだけたくさんのみ込んでからその場を去りたいが、大きく、重い胃（腺胃［せんい］、あるいは前胃）をもつデメリットは大きい。そこで、食物を一旦、そのうに収納し、徐々に腺胃へと送り込むことで、余計な器官をもたずに済ませるようにしている。（※本書では「そのう」と表記する）

そのうが膨らんだハチクマ幼鳥。各風切や上雨覆の淡色羽縁が目立ち、幼鳥の羽衣の特徴がよく出ている

捕獲されたハチクマ成鳥雄の初列風切（通常より大きく開いた状態で撮影）。淡色部分はふだんは重なっていて見えない。黄色の矢印が欠刻の位置を示すが、隣りあう風切同士でその位置が見事に調節され、翼を大きく広げても欠刻より付け根側では羽の重なりが維持される

トビの初列風切（左P7）。翼指を構成する風切は羽軸の両側に「欠刻（けっこく）」と呼ばれる凹みが発達し、この欠刻より先端側が指のように分離する

◢ その他 ◢

アサギマダラ

渡りをすることで知られるタテハチョウ科のチョウの一種。夏は本州の山地や北海道などで繁殖。冬は本州や九州などの暖地で幼虫が,南西諸島では成虫も見られる。秋,ちょうどサシバたちが渡る時期になると,このチョウが暖地を目指して移動する様子が観察できる。翅に鱗粉のない部分があり,そこに油性ペンで文字を書き込むマーキング調査が各地で実施され,日本各地から南西諸島や台湾へ移動する様子が明らかになってきた。中には,和歌山県から香港までの2500kmを移動した例も知られている。春には,秋とは逆の方向へと移動するものが見られるが,秋に比べると少ない。

体内に食草由来の毒成分をもつとされる。チゴハヤブサが高空でアサギマダラを捕らえた場面を見たことがあるが,嘴でくわえることすらせずに一瞬で足から放してしまった。

双眼スコープ（そうがん）

市販のスコープ（望遠鏡）を2本並べ,双眼鏡スタイルに組み上げたもの。タカの渡り調査員に愛用者が多い。基本的に各自,工夫しながら自作する。長時間使い続けても目が疲れにくい点が最大のメリット。空気の揺らぎの影響も軽減される。定点観察が基本となる調査では,重く,かさばる,といったデメリットは小さい。

三脚,雲台も含めると,購入時にはそれなりの投資が必要となるが,撮影機材に比べるとはるかに長く使えるものなので,本格的にタカの渡りを観察する人には,ぜひおすすめしたいアイテム。なお,機種によっては双眼化できないスコープがあるので,購入前に確認が必要。

秋空を飛ぶアサギマダラ。名前の由来は「浅葱色（緑がかったごく薄い藍色）」。翅のこの色の部分にペンで文字を書き込むことができる

筆者愛用の双眼スコープ（コーワ TSN-884×2+ ザハトラーDV12SB+ ジッツオ5型カーボン）。ピントリングは左右が連動する。パンハンドルは前後に装着。両手で操作することで像の安定度が増す。延長フードは雨粒などのレンズへの付着を防ぎ,万一,何かにぶつけたときにショックを吸収してくれる

渡り観察で 出会う タカ

タカの渡り観察ではさまざまなタカを見ることができる。ここでは渡りで観察する機会の多い20種を紹介するが，日本ではこれ以外にも10種以上のタカが記録されており，それらと遭遇する可能性もある。

各種で「当たり日」に観察できる個体数の目安を★で示した。

★☆☆☆☆ …………………… 1〜9羽
★★☆☆☆ …………………… 10〜99羽
★★★☆☆ …………………… 100羽〜999羽
★★★★☆ …………………… 1,000羽〜9,999羽
★★★★★ …………………… 10,000羽以上

各種解説では雌雄の体格差を『Raptors of the World』(2001) を参考に「雌雄体格比」として数値化した。これは雌雄の翼長の計測値を元に，雌に対する雄の体重比を%で示したものである。タカの雌雄を識別する際，体格を元に判定した場合の精度は以下のようになる。

♂60%〜♂69% …………………… ほぼ確実に雌雄判定が可能。
♂70%〜♂79% …………………… 雌雄判定が可能なケースが多い。
♂80%〜♂89% …………………… 雌雄判定が難しいケースが多い。
♂90%〜♂100% …………………… 雌雄判定はほぼ不可能。雌雄の体格差はわずかで，むしろ個体差のほうが大きい。

写真：谷底から上昇してくるノスリ（10月 白樺峠）

ハシブトガラス

53

34

22

56

渡る**タカ**勢ぞろい

この本で紹介するタカ20種＋αが集合。大きさの比率をそろえたので，サイズ感を比べてみよう

（※数字は掲載ページ）

26

42

32

58

18

サシバ

★★★★☆

"渡りの魅力を教えてくれたタカ
江戸時代のウォッチャーも注目していた"

❶上昇してくる集団　9月　白樺峠

❷成鳥。灰色味の強い顔と，胸の模様から雄と思われる。性判別が難しい個体も少なくない

- **学　名**／*Butastur indicus*
- **英　名**／Grey-faced Buzzard-eagle
- **全　長**／♂47cm, ♀51cm
- **翼開長**／102〜115cm
- **雌雄体格比**／♂95%

分布：東アジアの温帯域で繁殖し，冬は低緯度地方に移動。日本では本州，四国，九州のほか，北海道での繁殖も記録されている。南西諸島で越冬する個体がいる。

生態：里山環境を好み，農耕地周辺でカエルやヘビ，昆虫，小形哺乳類などを捕らえる。里山環境の悪化は，本種の個体数減少の原因の一つと考えられている。

❸雄と思われる成鳥
❹幼鳥。このサイズのほかのタカに比べ，翼が薄く感じられる
❺頭上で旋回する集団　9月　白樺峠

渡り：秋は本州中部以西の各地で大規模な渡りが観察される。白樺峠（長野県，p.110）では9月中〜下旬，伊良湖岬（愛知県，p.116）では9月下旬〜10月初旬が通過のピークで，両地点で10日ほどのズレがある。西進した個体は南西諸島沿いに南下，10月中旬には宮古諸島などで大群を観察できる。春の渡りは秋に比べ，群れの規模が小さい。沖縄県からの衛星追跡の例では，3月中旬〜4月上旬に渡りを開始し，秋とよく似た経路を逆方向に移動して本州の繁殖地に戻った。一方，フィリピン周辺で越冬した個体の衛星追跡の例では，台湾へ移動した後，中国大陸へと渡って朝鮮半島の付け根まで北上，ここで進行方向を変え朝鮮半島を南下，対馬を経由して九州の繁殖地に到達した個体がいた。

アジア大陸
Asian Continent

日本海
Sea of Japan

日本列島
Japanese Islands

東シナ海
East China Sea

太平洋
Pacific Ocean

サシバの
主な移動経路

19

翼指は5枚

成鳥♀の胸は褐色と白色の斑が混じりあう。♂も同様の個体がいる

成鳥は胸～腹に褐色の細かい横斑

性不明成鳥

暗色型幼鳥

暗色型成鳥

成鳥は尾の帯が明瞭

幼鳥の胸には粗い縦斑

幼鳥

幼鳥は尾の帯が淡い個体が多い

この個体は尾の帯が濃色

滑翔時に正面から見ると翼が低い三角形に見える

胸が褐色に塗りつぶされ淡色斑が混じらないと成鳥♂

成鳥♂

成鳥♂

喉の縦線が目立つ

成鳥の虹彩は黄色

幼鳥は眉斑が目立つ

幼鳥

幼鳥の虹彩は褐色

幼鳥

成鳥の上面は灰色を帯びた赤褐色

成鳥

幼鳥

幼鳥の上面は黄色味を帯びた鈍い褐色

幼鳥は雨覆の淡色羽縁が目立つ個体が多い

＊アンダーラインは種の特徴

6

黒いサシバを探せ！

　タカ類は鳥の中でも羽色に変異が現れやすいグループだ。サシバにも体下面と下雨覆の大部分が黒褐色のタイプがいる。「暗色型」として区別されることが多いが、その希少性と美しさから、あこがれを込めて「ブラックサシバ」の愛称で呼ばれることも。筆者のメインフィールドである白樺峠では数百羽に一羽程度の割合で現れるが、羽色以外、通常の個体との違いは感じられない。このタイプを見つけ出すコツは、1羽1羽のタカを飽きずにじっくり見てゆくこと。運よく見つかったら、成幼の識別にも挑戦してみよう。

7

❼通常個体との羽色の違いは歴然。ただし逆光ではまぎらわしく、かなり接近してようやく気づくケースも多々ある　❽成鳥。虹彩色と明瞭な尾の暗色帯に特徴がよく出る　❾幼鳥。黒色味がやや弱い個体。

8

9

ハチクマ

★★★★☆

"大好物なのはハチの幼虫
さまざまな羽色をもつ不思議なタカ"

- 学　名／*Pernis ptilorhynchus*
- 英　名／Oriental Honey-buzzard
- 全　長／♂56cm, ♀60cm
- 翼開長／125〜142cm
- 雌雄体格比／♂92%

分布：アジア大陸中部より東に分布。温帯域で繁殖し, 冬は低緯度地方に移動する。日本では北海道, 本州, 四国, 九州で繁殖。東南アジアには, 近縁種が留鳥として生息する。

生態：低地〜山地の森林に生息。繁殖期の行動圏はほかのタカよりも広い。スズメバチ類の幼虫が大好物。ハチの攻撃から身を守る特別な防御システムをもつ数少ない生物。ほかにはカエルや小鳥の雛, 飼育個体が果物を好んで食べた事例がある。繁殖期には独特のディスプレイフライトを行うが, 渡り途中の個体でも見られることがある。

❶九州北部では本種の大集団が見られる　9月 福江島大瀬崎　❷成鳥雌。翼先が暗色の個体は幼鳥と間違えやすい
❸成鳥雄。翼と尾の模様が美しい

❹成鳥雄はつぶらな瞳がかわいらしい　❺成鳥雌は虹彩が黄色で精悍な顔つき

渡り：秋の渡りの時期はサシバとほぼ同じ。南西諸島を南下することはなく，九州西部から五島列島や甑島（鹿児島県）を経由して西進し，東シナ海を越えて中国大陸へと渡る。春の渡りの移動経路は秋とは異なる。東シナ海は越えず，朝鮮半島の付け根まで中国大陸を北進。その後，移動方向を変えて朝鮮半島を南下。対馬を経由して九州や中国地方に上陸する。繁殖地に到達するのは5月中旬でほかのタカよりもかなり遅い。これは主な食物であるハチの巣の発達時期に合わせて子育てをするためと考えられる。夏の終わりに巣立った幼鳥は早々に渡りを開始し，長距離の海越えを敢行。この発育の速さは驚異的だ。幼鳥は生まれた次の年の夏を越冬地域で過ごし，日本に飛来しない。

識別のポイント

成鳥の雌雄は風切や尾の模様の違いから識別が容易。一方，幼鳥と成鳥雌との識別には注意が必要で，幼鳥の雌雄の識別は難しい。ほかのタカに比べ頭が小さく見え，頭頸部が翼の前縁から長く突出するのが本種の特徴。下面が淡色の個体はクマタカの幼鳥や若鳥と誤認されることがある。やや深くゆったりと羽ばたき，旋回時の翼は一直線（写真❺）。秋の渡りは初列風切の換羽期に重なり，換羽の状態によっては翼形が変化して見える。

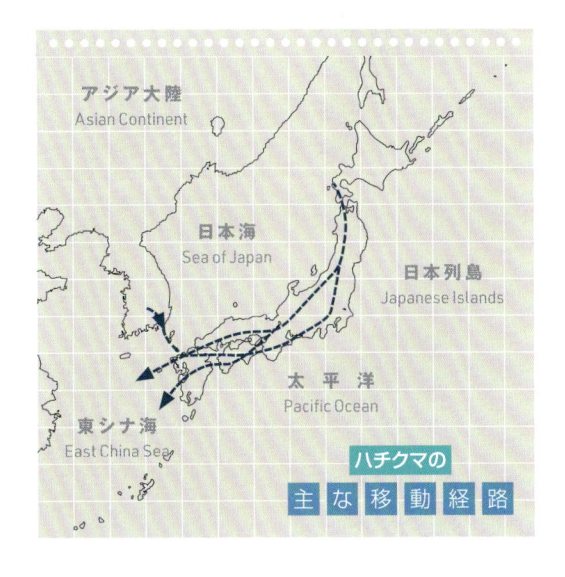

アジア大陸
Asian Continent

日本海
Sea of Japan

日本列島
Japanese Islands

太平洋
Pacific Ocean

東シナ海
East China Sea

ハチクマの
主な移動経路

ハチクマ 色のいろいろ

ハチクマの体下面はカラーバリエーションが豊富

縦斑, 横斑の入り方や, 風切や尾の模様も個体によってさまざまだ

＊暗色型, 中間型, 淡色型に分けて表記する書籍等もあるが, 本書では区分しない。

成鳥雄

成鳥雌
暗色地に
白斑の入る
やや珍しいタイプ

幼鳥

成鳥雌

幼鳥

幼鳥

成鳥雌
そのうが膨らんでいる

成鳥雌

幼鳥
純白の体下面をもつ
個体は, 成鳥では稀

翼の後縁に
明瞭な帯

本来の翼指は
6枚だが
換羽により
5枚に見える

成鳥♀

翼の後縁は
Cカーブ

Cカーブ

成鳥♂

翼指は6枚

尾には太く
明瞭な帯が2本

幼鳥

翼の先端は暗色
ではない

尾にはやや細い
帯が3〜4本

翼の
後縁は
Sカーブ

虹彩は暗褐色か
赤褐色

尾には不明瞭な
帯が3〜4本

成鳥♂

顔は灰色

虹彩は黄色

虹彩は暗褐色

顔は褐色部が
多く灰色味は
弱い

顔は褐色

成鳥♀

幼鳥

翼の先端は暗色か
やや暗色

翼の先端
は暗色

翼の帯は
不明瞭

成鳥♂

尾の帯は
上面からも目立つ

ろう膜は黄色

上面は褐色
雨覆の羽縁が
白く目立つ

上面は灰褐色
雨覆の羽縁は
目立たない

幼鳥

ろう膜は
暗色

＊アンダーラインは種の特徴

25

ノスリ
★★★★☆

"近年の増加傾向がうれしい
ゆったりとした渡りが魅力"

- 学　名／*Buteo japonicus*
  （亜種カラノスリ *B. j. burmanicus*）
- 英　名／Eastern Buzzard
- 全　長／♂ 50〜53cm，♀ 53〜59cm
- 翼開長／122〜137cm
- 雌雄体格比／♂ 85%

分布：アジア中部より東に分布。北方の個体群は冬に温暖な地域に移動する。日本では主に本州中部より東で繁殖するが，北日本で生息密度が高い。冬に大陸から九州などに飛来するノスリが，最近，亜種カラノスリとして記載された。

生態：平地〜山地の森林地帯や農耕地周辺で繁殖する。冬は広い農耕地で普通に見られ，電柱の先端に止まってネズミやモグラなどの小形哺乳類を探す姿を見ることが多い。ほかに爬虫類や昆虫を捕食する。また停空飛翔（ホバリング）も上手。

❶幼鳥。旋回時に翼が浅い∨字を描く　❷，❸頭上をゆったりと流れるノスリの川　4月 龍飛崎

❹春の龍飛崎。強風の津軽海峡を北上してゆく成鳥。この個体は尾の先端近くの暗色帯が明瞭
❺成鳥の虹彩は暗色。頭部に丸みがあり，親しみのもてる顔つき

渡り：各地の渡り観察地で近年，通過個体数が増加している。秋の渡りはサシバやハチクマよりも遅い時期に見られ，本州中部では10月中〜下旬がピーク。比較的長い期間，渡りが見られるのも特徴。単独かゆるやかな群れを作って移動するが，時に高密度の集団も見られる。本州や九州で越冬する個体を衛星追跡したところ，その多くが北日本やサハリンで夏を過ごすことがわかった。

識別のポイント

成鳥と幼鳥に大きな違いはなく，判別には複数のポイントをチェックしたい。成鳥，幼鳥とも雌雄の識別はかなり難しい。体形はぽっちゃり系で，翼に対し胴が太く見えることが多い。下面はオレンジ色味のある淡褐色を基本に，脇と翼角に褐色パッチが目立つ。このパッチが本種最大の特徴で，遠方からの識別に役立つ。旋回時に翼が浅いV字となることが多く，これが本種を含めたノスリ類の特徴。ただしV字とならずに旋回するケースもあるので注意。

アジア大陸
Asian Continent

日本海
Sea of Japan

日本列島
Japanese Islands

東シナ海
East China Sea

太平洋
Pacific Ocean

ノスリの
主 な 移 動 経 路

‖ノスリのバリエーション‖

ノスリの羽色にはさまざまなバリエーションがあり, レアなタイプに出会うとうれしくなる。

脇の斑が淡く
地色が白っぽい

胸から脇に
かすかな模様をもつ

脇と翼角の
パッチが小さい

地色が淡色

胸と下雨覆が黄褐色

脇から腹に細かい横斑
翼後縁の帯が明瞭

翼の前縁と
脛の暗色部が印象的

翼角と
脇から腹の暗色が明瞭

腹部と下雨覆に
細かな斑が多い

翼指は5枚

成鳥

尾の帯の濃度は
全体均質
幼鳥と似たタイプ

風切の帯の
濃度は
全体均質で
先端部も淡い

幼鳥

脇～腹部に
幅広い縦斑
幼鳥はこのタイプ
が多い

風切の帯は
先端部が濃色

風切と尾の先端
の淡色羽縁
が目立つ

脇～腹部に
細かい横斑
このタイプは成鳥
の可能性大

成鳥

尾の帯は
先端部で濃色
このタイプは成鳥

幼鳥

なぜか
葉を
つかんでいる

風切と尾の
淡色羽縁は目立たない

尾の帯の濃度は
全体に均質

虹彩は濃褐色
または褐色

幼鳥

成鳥

虹彩は淡褐色
または淡黄色

風切, 雨覆は
それぞれの部位内に
濃色羽, 淡色羽が
入り混じる

幼鳥

成鳥

風切, 雨覆は
それぞれの部位内
で色合いがそろう

*アンダーラインは種の特徴

29

新亜種カラノスリ

カラノスリとは

日本鳥学会が発行する「日本鳥類目録」は，日本産鳥類の正式な目録として，地域の目録編集や図鑑で使用する種名の採用などに活用されている。2024年には第8版が発行される（予定）で，それに先立ち，掲載種のリストが公開された。第7版からはさまざまな改訂がなされているが，渡りウォッチャーにとって最大のトピックスはノスリの亜種に「カラノスリ *Buteo japonicus burmanicus*」が追加されたことだろう。

九州地方では，かねてから「大陸産」と呼ばれる羽色の濃いノスリが少数，越冬していることが知られていた。このノスリの正体を解明しようと，越冬期に大陸産タイプと国内に多いタイプを捕獲し，DNAを比較した結果，大陸産と呼ばれていたもののDNAが亜種 *B.j.burmanicus* と命名されているものと一致し，国内やサハリンで繁殖する *B. j. japonicus* とは有意な違いが見出された。また，捕獲した個体にはGPSロガーが装着され，それぞれの越夏地が特定された。その結果，*burmanicus* は大陸へ，*japonicus*

は本州中部からサハリンへと移動して夏を過ごすことが判明した。今回の目録はこの研究結果を踏まえ，*burmanicu* が日本に飛来する亜種と認め，「カラノスリ」という和名を新たに与えたのだ。

なお，今回の目録ではノスリの学名も変更されている。旧版では日本で繁殖するノスリを *Buteo buteo japonicus* としていたが，新版では *Buteo japonicus* となっている。つまり，ノスリをユーラシア大陸に広く分布する種に含ませる説ではなく，東アジアのみに分布する種として独立させる説を採用している。

カラノスリの特徴

亜種ノスリと比較したカラノスリの特徴としては，①体下面の暗色斑が多く，全体的に色が濃い。②脛は暗色で，無斑かわずかに淡色の横斑が入る。③全体的に羽色の赤色味が強い。④翼の後縁と尾

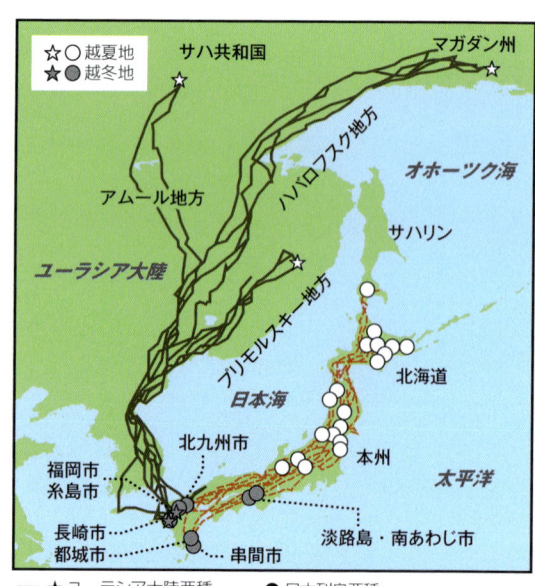

図-1　ノスリ2亜種移動経路
Nakahara et al. 2022, IBIS より改変。日本海が移動の障壁となり，日本列島と大陸とで亜種分化が促されたことがうかがわれる，たいへん興味深い経路図だ
Toru Nakahara, Kazuya Nagai, Fumitaka Iseki, Toshiro Yoshioka, Fumihito Nakayama and Noriyuki M.Yamaguchi (2022) GPS tracking of the two subspecies of the Eastern Buzzard (Buteo japonicus)reveals a migratory divide along the Sea of Japan. IBIS.

の先端近くの暗色帯が明瞭, といった点が指摘されている。とはいえ, ノスリ類は羽色に多様なバリエーションが現れるグループであり, 春に九州から北上するノスリにも, さまざまなタイプがあるようだ。亜種ノスリとカラノスリとの外見による識別法については, 今後さらなる研究が必要だろう。渡り観察では, ぜひノスリに注目し, 気になる個体に遭遇したときは画像記録を残すようお願いしたい。

先に紹介した研究で追跡したカラノスリたちは, 春の渡りで九州から朝鮮半島へと移動しているが, 筆者が春の龍飛崎や秋の白樺峠で撮影したノスリからは, 少数ながらカラノスリを思わせる個体が検出された。気になる個体も含め, 何羽かをここに紹介するので参考にしてほしい。

成鳥。カラノスリの可能性が高い個体。脛は濃褐色地にわずかな淡色斑が入る。下雨覆には赤褐色部が多い。翼の後縁の帯はやや明瞭　2010年3月24日 龍飛崎

幼鳥。体下面の大部分が暗色。頭はやや大きいが, 頭部に丸みが少ないように見え, かなりの違和感がある。たいへん稀なタイプで, 亜種に関してはまったく不明　2008年5月2日 龍飛崎

幼鳥。カラノスリの可能性が高い。脛の褐色斑が多い。腹部は広く濃色。下雨覆の褐色斑の多さも印象的。体形から雌と思われる　2008年5月3日 龍飛崎

本州中部で繁殖する成鳥雄, 亜種ノスリと思われる。脛は暗色部と淡色部が半々程度。下雨覆の細かい横斑は, 繁殖個体としてはかなり多い。繁殖地で見る限り, 体下面に横斑が目立つ個体は多くが雄　2011年5月19日 長野県塩尻市

成鳥。腹部〜下尾筒が広く暗褐色に見えるが, 羽毛の乱れ方から, これは本来の羽色ではなく, 油などで汚れているように思われる。ノスリではときに, 尾や腹部に汚れの目立つ個体を見かける　2012年4月10日 龍飛崎

成鳥あるいは若鳥。P8の先端の形状がP7とは異なるので幼羽かもしれない。カラノスリの可能性が高い個体。脛と腹部はほぼ全体が濃褐色。脇〜腹部は広く暗色。頭が小さく見え, 全体的に大柄な印象。おそらく雌 2021年4月21日 龍飛崎

成鳥。亜種ノスリと思われる個体。下雨覆と腹部には赤褐色斑が目立つ。脛には小さな褐色斑が少し入る。体形は雄的　2012年4月1日 龍飛崎

成鳥。脛には細かい横斑が多い。下雨覆には褐色横斑が多く, 下面全体が暗色。重量感のある体形は雌を思わせる。カラノスリの可能性を感じる個体 2018年10月8日 白樺峠

ケアシノスリ

★☆☆☆☆

“北の国からの美しき来訪者
渡る姿はいっそう魅力的”

- 学　名／*Buteo lagopus*
- 英　名／Rough-legged Buzzard
- 全　長／♂53〜57cm，♀57〜60cm
- 翼開長／129cm〜143cm
- 雌雄体格比／♂85%

分布：ユーラシアと北米大陸の高緯度地域で繁殖し，中緯度地域で越冬する。例年，日本には数羽程度が飛来するが北日本に多い傾向がある。越冬期は大規模な干拓地や広い農耕地で見られることが多い。

渡り：渡りが観察されるのはごく少数。移動の時期はノスリとほぼ同様。龍飛崎では比較的多く記録されているが，それでも各シーズンに1羽程度。ただし，カウント調査では，はるか遠方を通過する本種をノスリとして記録している可能性を否定できない。

❶ハシブトガラスに追われる幼鳥。カラスたちは珍鳥をちゃんと見分けて蹴散らそうとする　4月　龍飛崎
❷成鳥。白と黒とのコントラストが見事なタカ。右P10がほかの風切より淡色なので若鳥かもしれない
❸幼鳥は成鳥に比べ暗色部の黒色味が弱い。また翼の後縁や尾の先端の帯が不明瞭。虹彩は成鳥が暗褐色，幼鳥が淡黄褐色。本種の翼はノスリに比べやや細長く，翼先がシャープにとがって見えることが多い。特に強風時にその傾向が顕著に現れる。青空を渡る本種は，白く透ける翼がキラキラと輝いて美しい

ケアシノスリの大量飛来

本書に登場するタカのなかで，いちばんの珍鳥はケアシノスリだろう。主に北日本や日本海側の地域に飛来する数少ない冬鳥だ。渡りのカウント調査で，本種を最も多く記録している春の龍飛崎の結果を見てみよう。タカの渡り全国ネットワークのホームページで公開されている2002〜2024年（2008年除く）の22シーズンに記録されたのは計18個体で，ちょうど半数にあたる11シーズンには1羽も記録されていない。ところが，2008年の春には47羽もカウントされ，4月13日は，この日だけで10羽が龍飛崎を北上している。

ケアシノスリは，北半球の高緯度地方に広く分布し，レミングなどの小形哺乳類を主な食物としている。これらの動物は年による生息密度の変動幅がたいへん大きく，その振幅は200倍とも1000倍ともいわれる。食物資源量の変化に対応するために，ケアシノスリは獲物が豊富な地域へと繁殖地を移動する性質をもち，越冬地への執着も弱い。どの地域でも生息数が安定しない渡り鳥で，ヨーロッパや北米では，冬季の大量飛来が何度か記録されている。

そんな，文献の中だけの遠い国の話だと思っていた大事件が起こったのは，2008年の年明け早々のことだった。北陸〜中国地方の地域に，300〜400羽と推測されるケアシノスリが大陸から一気に飛来し，ホークウォッチャーたちを沸き立たせたのだ。前年夏のケアシノスリの大繁殖，越冬地域での積雪，日本へと向かって吹く風など，いくつもの要因が重なって起こった，まさに前代未聞のケアシフィーバーであった。例年の個体数と比較すれば100倍か，それ以上の数が西日本で冬を越し，春の渡りで異例の個体数が記録された。そんな夢の大波はやはり続かず，ケアシノスリはあこがれの冬鳥として，少数のみが日本に飛来している。

たそがれどきに獲物を探す幼鳥。石川県河北潟干拓地周辺では，2008年1月上旬に20羽以上のケアシノスリが滞在していた。この年に西日本などに飛来した本種は，そのほとんどが幼鳥だったことも興味深い。不慣れな土地のせいか，狩りの成功率が低く，梢などの目立つ場所に止まって獲物を探すことに費やす時間が長かった。おかげで初心者でも簡単に見つけられる，たいへん観察しやすいタカだった　2008年2月19日　河北潟干拓地

アカハラダカ
★★★★★

"ほかでは見られぬ大集団
秋空に白と黒の翼がまたたく"

- 学　名／*Accipiter soloensis*
- 英　名／Chinese Sparrowhawk
- 全　長／25〜30cm
- 翼開長／52〜62cm
- 雌雄体格比／♂89%

分布：中国東部, 朝鮮半島で繁殖し, 東南アジアで越冬する。島根県で営巣した事例があるが, 繁殖は失敗した。
生態：低地や丘陵地の森林や農耕地で見られ, カエルやヘビ, トカゲ, 小鳥, 小形哺乳類, 大形昆虫などを捕食する。　体のサイズはツミに近いが, 本種は雌雄の体格差が小さい（本種の♂89%に対しツミは♂66%）。これは両種の獲物の違いを反映しているものと考えられる。

❶成鳥雄。虹彩は暗赤色　❷成鳥雌。虹彩は黄色。体下面の赤色は雌でより濃い傾向があるが, 雌雄ともに個体差がある
❸幼鳥。本種は雌雄の体格差が小さいので, 幼鳥の雌雄の識別は困難
❹サシバと旋回する若鳥。サシバよりわずかに高く飛んでいる。サイズは異なるがこの2種はシルエットがよく似る

5

❺旋回する群れ。旋回速度は速く，上昇気流に乗ってぐんぐん高度を上げる。滑翔もスピーディーで，あっという間に視界から消えてしまう　9月　烏帽子岳

渡り：日本では9月上〜中旬をピークに，対馬，九州西部，南西諸島を大群で南下するのが見られる。本州でも各地で観察されているが，九州に比べると極端に少なく，サシバの群れにごく少数が混ざる形で移動しているケースが多い。朝鮮半島の南西端から衛星追跡された個体は，対馬や九州を経由せずに東シナ海上をほぼ真南に飛び，宮古諸島を経由してフィリピンへと移動している。春の渡りで観察される個体数は，秋に比べてとても少ない。多くの個体は中国大陸を北上し，南西諸島や九州を通過しないようだ。

識別のポイント

成鳥は白い下面と黒い翼端とのコントラストが鮮やかで，ほかのタカと見誤ることはない。成鳥の雌雄は虹彩色がわかれば容易に識別できる。幼鳥はツミ幼鳥とよく似た模様をもつ。特に翼端の暗色が弱い個体はツミとの識別が難しく，翼の形状の違いが重要なポイントとなる。全体のシルエットはサシバに似ているので，大きさを正しく認識できないときは注意が必要。はばたき方はツミとは異なり，ハイタカやサシバに似る。

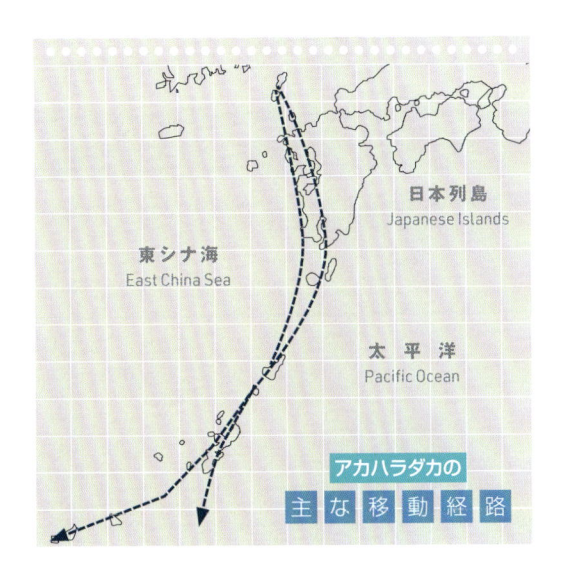

日本列島
Japanese Islands

東シナ海
East China Sea

太平洋
Pacific Ocean

アカハラダカの
主 な 移 動 経 路

ハイタカ

★★★☆☆

"空中戦も得意な俊敏ハンター
目力を誇示する化粧は獲物への心理作戦？"

- 学　名／*Accipiter nisus*
- 英　名／Eurasian Sparrowhawk
- 全　長／♂30〜32cm, ♀37〜40cm
- 翼開長／♂60〜64cm, ♀71〜79cm
- 雌雄体格比／♂61%

分布：ユーラシア大陸に広く分布する。日本では主に北海道と本州中部以北で繁殖。冬は全国的に見られる。

生態：主に山地の森林内に生息。北日本では平地でも繁殖する。冬には平地の農耕地や河畔林でも普通に見られる。主に小鳥を捕食する。

渡り：秋の渡りは10月中下旬がピークでツミより遅い。越冬のために朝鮮半島方面から飛来するものは, 九州北部や本州西部に上陸したのち, 東進して各地に分散する。このとき, 北海道などから南下する個体群とすれ違うことになり, 両方向の渡りを同時に観察できる。近年, 秋に東へと移動する個体数が増加傾向にあるようだ。移動中にしばしば小鳥を捕食し, そのうが膨らんだ個体が観察される。

❶まだ薄暗い早朝, 小集団となって岬を出発。ふだんは単独で暮らすが, 渡りの時期には集合性がみられる　4月 龍飛崎
❷成鳥雄。空中でシジュウカラを捕らえた。すばやいターンをくり返しながら小鳥の動きに追随し, 見事に仕留める
❸成鳥雌。そのうの膨らみから, 獲物を食べた直後とわかる

4

❹幼鳥。眼の周りが暗色に縁取られ、歌舞伎役者の「隈取り」を思わせる。眼光を強める化粧には、小鳥を怯えさせる効果がありそうだ

識別のポイント

成幼雌雄の識別は、個体によってやや難しい。ツミやオオタカなど、他種との識別の決め手は翼の先端部の形。特に雄幼鳥にはツミ幼鳥とそっくりな体形、模様のものがおり、翼先をしっかり見る必要がある。また幼鳥雌とオオタカ若鳥の識別は、かなり難しいケースがある。羽ばたきの打ち下ろし時、ツミほど翼をたたまず、やや伸ばし気味。雌雄とも体格の個体差が大きく、最小個体はツミ、最大個体はオオタカとほぼ同大。

頬や胸にオレンジ色の横斑がある色調や面積に個体差あり

尾の両端は角ばる

体下面には細かい灰色の横斑

尾の両端に丸みがある

体下面にはやや粗い褐色の横斑や縦斑

翼指は6枚

幼鳥♀

尾の中央は成鳥より長く突き出る傾向あり

成鳥♂
♀に比べ頭が大きく華奢な印象

成鳥♀
♂に比べ頭が小さく翼が大きく見える

虹彩は黄色オレンジ色や赤い個体もいる

成鳥♂

淡色眉斑が目立つ

幼鳥

虹彩は鈍い黄色

眉斑は小さく目立たない頭部と頬の境界は明瞭

上面は青灰色

頭部と頬の境界は不明瞭

上面は灰褐色

*アンダーラインは種の特徴

37

ツミ
★★★☆☆

"最小種ながら性格は勝気
渡りについてはナゾだらけ"

- 学　名／*Accipiter gularis*
- 英　名／Japanese Sparrowhawk
- 全　長／♂ 23～27cm, ♀ 28～31cm
- 翼開長／♂ 51cm, ♀ 62cm
- 雌雄体格比／♂ 66%

分布：中国東部, 朝鮮半島, 極東ロシアで繁殖し, 多くは東南アジアで越冬する。日本では北海道, 本州, 四国, 九州で繁殖し, 少数は冬にも見られる。南西諸島には亜種リュウキュウツミが留鳥として分布する。

生態：主に山地の森林内に生息するが, その密度は高くなく, 繁殖個体数などはよくわかっていない。関東地方では市街地の公園や街路樹でも繁殖している。小鳥や昆虫を捕食する。

渡り：秋の渡りは10月中下旬をピークに比較的, 長期に観察できる。春の渡りは4月下旬～5月上旬に多い。体が小さいためにほかのタカに比べ見つけづらく, 観察地点によって見られる数の差が大きい。移動経路など渡りに関しては不明点が多い。今後の衛星追跡調査などに期待。

❶移動中, 近くを飛ぶハチクマをちょいと攻撃する。観察地によってはしばしば見られる光景だが, その目的は不明
❷若鳥雌。春の渡りでは幼羽から成羽への換羽中の個体が見られる。色調の違いから初列風切 P4～8 が新羽とわかる。換羽の順序が通常のタカと異なる　5月 龍飛崎
❸成鳥雄は赤い虹彩が印象的

4

❹成鳥雌。翼を打ち下ろしたとき，翼が小さくたたまれて，翼角の出っ張りが印象的なフォルムとなる。ハトにも似た羽ばたき

識別のポイント

成鳥と幼鳥，成鳥の雌雄の識別は，体の模様と虹彩色から比較的容易。幼鳥の雌雄の識別はやや難しいが，体格から見当がつく。よく似たハイタカやアカハラダカとは，翼の先端部の形の違いが最重要識別点。羽ばたき方に特徴があり，翼を打ち下ろしたとき，翼が体に密着するイメージ。移動中も特徴的な声を出すことがあり，それによって存在に気づくこともある。

翼指は5枚

成鳥♀

風切は逆光でよく透ける

喉に細い一本の腮線

風切は逆光でもあまり透けない

幼鳥

成鳥♂

体下面に赤色味があり横斑は目立たない

体下面に灰色の細かい横斑が目立つ

胸には褐色の粗い縦斑脇には粗い横斑

頭〜頬は一様な灰色

成鳥♀

虹彩はオレンジ〜暗赤色

虹彩は黄色

成鳥♂

体下面に赤色味のないタイプ

頭と頬は褐色淡色眉斑が目立つ

幼鳥

虹彩は淡黄色

＊アンダーラインは種の特徴

オオタカ
★★☆☆☆

"均整のとれた容姿に気高い表情
徳川家康も愛した「鷹」の代表格"

- 学　名／*Accipiter gentilis*
- 英　名／Northern Goshawk
- 全　長／♂47〜52cm, ♀53〜59cm
- 翼開長／♂106cm, ♀131cm
- 雌雄体格比／♂72%

分布：北半球の温帯, 寒帯域に広く分布。日本では主に本州中北部と北海道で繁殖。

生態：里山〜山地の森林で繁殖。関東では都市部でも繁殖するものがいる。小形の哺乳類や小鳥, ハト, カラス, カモなどさまざまな鳥類を捕食する。ハチクマやサシバの雛を巣から奪って食べることもある。

1

2

3

❶成鳥。頭が小さく見えることから雌と思われる。体下面は白地に灰色の細かい横斑がある
❷幼鳥。全身褐色系で体下面には縦斑が目立ち，尾の先端中央の突き出しは成鳥より顕著
❸海上で旋回する成鳥あるいは若鳥雄。虹彩の赤色味の強い，やや稀な個体　4月 龍飛崎
❹ハシブトガラスに追いたてられる若鳥雄。カラスは天敵のオオタカに強く反応し，しばしば激しく攻撃する
❺そのうが膨らんだ若鳥雌。体下面の模様は若鳥独有のもの。

渡り：周年同じ地域で暮らすものと，冬に暖地へと移動するものがいる。春秋ともに比較的長い期間観察できるが，その個体数は多くない。春の渡りでは早い時期に成鳥，遅い時期に幼鳥が移動する。ほかのタカに比べ警戒心が強い傾向にあり，特に成鳥はなかなか人の近くを飛ばない。

識別のポイント

成幼の識別は上下面からも難しくない。雌雄の識別は体格の違いがポイント。幼鳥の次の羽衣が成鳥と少し異なるのが本種の特徴。2代目の羽衣は，成鳥に比べ全体的に褐色味が強い。体下面の斑には個体差があるが，褐色の細い軸斑と細かい横斑が混在するものが多い。この羽衣をもつ個体の中にハイタカとよく似たタイプがあり，識別には複数カットの写真が必要な場合もある。速く深くはばたき，翼をほぼ伸ばしきったまま打ちおろす。

オジロワシ
★★★☆☆

"高空を悠然とゆく姿にほれぼれ
大形種ならではの圧倒的な存在感"

- 学　名／*Haliaeetus albicilla*
- 英　名／White-tailed Sea Eagle
- 全　長／♂70〜90cm, ♀86〜98cm
- 翼開長／199〜228cm
- 雌雄体格比／♂77%

分布：ユーラシア大陸北部に広く分布する。日本では多くが冬鳥だが, 北海道で少数が繁殖。近年, 本州北部でも繁殖が確認された。

生態：海岸, 湖沼, 河川など水域の近くで生活し, 魚のほか動物の死肉を食べる。カモやカモメを襲ったり, ミサゴが捕らえた魚を奪うこともある。樹上に大きな巣を作って繁殖する。

渡り：宗谷岬では春と秋に大規模な渡りが見られる。衛星追跡により, 多くの個体がオホーツク海沿いに移動することがわかっているので, こうした地域ではまとまった数の渡りを見る機会があるかもしれない。国内での越冬数はオオワシより少ないが, 本州まで南下して越冬する個体は本種のほうが多いため, 本州でも出会いが期待できる。

❶成鳥。尾羽に暗色斑がわずかに認められる
❷若鳥。成鳥にかなり近いが，頭頸部の褐色味が強く，上尾筒の先端に黒色斑がある
❸ハシブトガラスに追われる幼鳥。カラスの騒ぎからタカに気づくこともあるため，カラスの声や動きには常に意識を向けたい
4月 龍飛崎
❹成鳥。この個体は頭頸部がかなり白っぽく，また体つきもどっしりしていて迫力満点
❺幼鳥。強い向かい風の中で飛翔。この姿勢を保ったまま，羽ばたくことなく前進してゆく

識別のポイント

成鳥は白い尾により識別しやすいが，幼鳥や若鳥はオオワシに似ており，複数の識別点からの総合的な判断が求められることも多々ある。特にオオワシの若い個体は尾だけ白く，翼の白色部が現れない羽衣の個体がいるので要注意。この場合，嘴の大きさや翼形などを見定める必要がある。ハクトウワシの若い個体が本種とよく似ていることにも留意したい。幼鳥から成鳥に至るのに数年かかり，徐々に尾の暗色部が消えてゆく。また，成鳥に達した後も加齢によって頭頸部の白さが増す傾向がある。

オオワシ
★★★☆☆

"外国人ウォッチャーに大人気
この鳥の渡りが見られることを誇りたい"

- 学　名／*Haliaeetus pelagicus*
- 英　名／Steller's Sea Eagle
- 全　長／♂88cm, ♀102cm
- 翼開長／221〜244cm
- 雌雄体格比／♂82%

分布：オジロワシより分布域は狭く, カムチャッカ半島やオホーツク海周辺などロシア東部で繁殖。冬は千島列島や日本などに移動する。少数ながら, 琵琶湖など西日本で越冬するものもある。

生態：海岸, 湖沼, 河川など水域近くで生活し, 魚や動物の死肉を食べる。

❶成鳥。嘴だけでなく，顔のかなりの部分が鮮やかな黄色
❷ミサゴと一緒に飛ぶ若鳥。その巨大さがよくわかる。この個体は尾の先端が摩耗して短くなり，いっそうオジロワシに似るが，翼の形から識別できる　❸成鳥。大荒れの春の宗谷岬。強風の中，果敢に北上を試みたが，海峡の途中で断念し引き返した　❹成鳥。白，黒，黄色のデザインが美しい。この姿に天狗を連想してしまう　❺幼鳥。成鳥に比べるかに地味で胴も細くて薄っぺらだが大きい　❻成鳥。後ろ姿もよい

渡り：宗谷岬では春と秋に大規模な渡りが見られる。本州まで南下する個体はオジロワシに比べ少ないが，伊良湖岬や白樺峠では秋の通過が記録されている。春の渡りは早々に始まり，宗谷岬では2月下旬に多くの個体が通過してゆく。

識別のポイント

成鳥，幼鳥とも雌雄の判別は難しい。完全な成鳥となるには5年以上かかるが，中間的な羽衣は個体差が大きい。成鳥の他種との識別は翼前縁の白色部，白く長い尾，黄色い大きな嘴によって容易。幼鳥や若鳥はオジロワシとよく似るが，大きな嘴と，翼，尾，頭頸部の形で識別できる。ただし尾の先端は摩耗しやすいので要注意。羽ばたきはオジロワシよりも速く深いので，はるか遠方の後ろ姿でも識別可能。ただし若い個体は飛翔筋が未発達なためか，こうした羽ばたき方の特徴が現れにくい。

アジア大陸
Asian Continent

日本海
Sea of Japan

太平洋
Pacific Ocean

日本列島
Japanese Islands

オジロワシ，オオワシの
主 な 移 動 経 路

ミサゴ

★☆☆☆☆

"魚食がもたらすスタミナで強風に耐え，
長時間,羽ばたき続ける飛翔力の持ち主"

- 学　名／*Pandion haliaetus*
- 英　名／Osprey
- 全　長／♂55〜60cm，♀57〜64cm
- 翼開長／147〜168cm
- 雌雄体格比／♂85%

分布：極地を除くほぼ全世界に分布。日本では九州以北で繁殖。

生態：主に魚を捕食する。海岸に生息するが，大きな湖沼や河川を狩場にして内陸部で繁殖することもある。人が近づけないような岩場や樹冠に営巣するものが多いが，近年は鉄塔や電波塔で繁殖するケースも増えた。

❶成鳥。立派なホッケを捕らえた。海辺の観察地ではハンティングの観察も楽しみ　❷幼鳥。丸い大きな眼が印象的
❸細長い翼は風の強い海上を飛翔するのに好都合。帽子のような頭の白色部は遠くからもよく目立つ

4

❹成鳥。次列風切の長さにバラつきがあるため，翼の後縁に凸凹が生じる。雨覆の暗色部も不均質
❺幼鳥。翼の後縁はなめらかなラインを描き，淡色羽縁がきれいにそろう。雨覆の暗色部も整然としている（特に右翼）。尾羽の淡色羽縁にも注目

渡り：北日本では夏鳥で冬は南方へと渡るが，どの程度の距離を移動するのかは不明。海外の衛星追跡調査では，数千 km を移動した事例が多く報告されている。主に単独で渡るが，2 羽が連れそうように飛ぶのを観察することもある。上昇気流を利用した移動のほか，翼を休めることなく，羽ばたき飛翔を続けることもできる。また強風への耐性も高く，ノスリやオオタカが躊躇するようなコンディションでも，果敢に渡ってゆく。

5

識別のポイント

白い下面，細長い翼，小さな尾が特徴で，他種とは遠方からも識別できる。滑翔時などに翼が M の字に折れ曲がる点も識別に有効。成鳥，幼鳥，それぞれの雌雄でほぼ同色だが，雌の胸部の暗色帯はより色濃く幅広い傾向がある。幼鳥の上面には雨覆の淡色羽縁が細く帯状に連なることから，成鳥と区別できる。ゆったりとやや深くはばたき，強風時には大形カモメ類によく似た飛び方を見せる。

トビ
★★☆☆☆

"「格下のタカ」なんていわれるけれど
お洒落なデザインを讃えたい"

- 学　名／*Milvus migrans*
- 英　名／Black Kite
- 全　長／♂51〜66cm, ♀57〜66cm
- 翼開長／129〜160cm
- 雌雄体格比／♂90%

分布：ユーラシア, アフリカ, オーストラリア大陸に広く分布。東アジアの個体群を独立種として扱うこともある。日本では北海道〜九州に分布し, 各地で普通に見られる身近なタカ。

生態：平地〜山地, 海岸などさまざまな環境で見られるが, 地域によって生息密度はかなり異なる。海岸や湖沼, 大河川などの近くでは比較的多い。魚や動物の死体のほか, 小鳥の雛やヘビなどを食べる。

渡り：本種の渡りの実態はほとんどわかっていないが, 渡り観察地では春も秋も, ほかのタカと同様に移動するのが見られる。龍飛崎では春に通常とは逆に南下する群れ, 秋に北上する群れが見られ興味深い。北海道（十勝地方）で標識された個体が山梨県で越冬し, その後, 春に龍飛崎を北上するのが観察された事例がある。

1

2

❶整然とした群れで渡る成鳥たち。移動時の本種は集合性が高まり，統率のとれた動きをみせる。少数の集団でも高密度の群れをつくって渡る　3月 龍飛崎
❷成鳥。本種もれっきとしたタカの仲間。ただのんびりと暮らしているわけではない
❸成鳥。よく見れば色も形もなかなかのデザイン
❹幼鳥。体下面が白っぽいこと，風切と雨覆が均質なこと，各次列風切の先端がとがることなどが幼鳥の識別点
❺幼鳥。翼角より内側の上雨覆が淡色。幼鳥のこの部分は成鳥より白っぽく，風切とのコントラストが強い。この染め分けパターンは，ほかのタカとの識別点の一つ

識別のポイント

雌雄は同色で体格の違いも小さいので識別は困難。幼鳥は成鳥に比べ体下面が白っぽい。他種との識別は，尾の形から容易。また外側初列風切の基部にある白色パッチも重要な識別点。翼の形も特徴的で，両翼が「くの字」に折れ曲がって見えることが多い。

チュウヒ

★☆☆☆☆

"V字の飛翔形が特徴
羽色はさまざま"

- 学　名／*Circus spilonotus*
- 英　名／Eastern Marsh Harrier
- 全　長／♂48cm, ♀58cm
- 翼開長／113cm〜137cm
- 雌雄体格比／♂87%

分布など：中国北部, ロシア東部などで繁殖し, 冬は東南アジアなどへ移動する。日本では北海道や本州の一部地域で少数が繁殖。冬に北方から越冬個体が飛来する。ヨシ原や広い農地に生息し, 低空を飛びながら, 小鳥や小形哺乳類を捕らえる。年齢・性別それぞれに羽色のバリエーションがたいへん多い。

渡り：サシバやノスリの集団に混じって単独で渡ってゆくのが各地で少数観察される。

❶幼鳥。虹彩は暗色。翼の前縁〜頭部に白色部が広がる個体が多い
❷成鳥雄, ❸成鳥雌。成鳥の多くは虹彩が黄色。雌は雄に比べ頭が小さく見えるが, 個体によっては雌雄判定は難しい
❹成鳥雌？ 翼はやや細長く, しなやかにはばたく印象。旋回時や滑翔時, 翼がV字を描く。このとき胴を軸に体全体が「やじろべえ」のようにゆらゆらと揺れることがしばしばあり, この動きも識別の助けになる
❺成鳥雄。下面が淡色
❻幼鳥。腰の白色部が目立たない個体が多い

ハイイロチュウヒ

★☆☆☆☆

"あこがれの雄成鳥
渡り観察での遭遇は祝杯もの"

- 学　名／*Circus cyaneus*
- 英　名／Hen Harrier
- 全　長／♂ 43〜47cm，♀ 48〜53cm
- 翼開長／98cm〜120cm
- 雌雄体格比／♂ 76%

分布など：ユーラシア大陸の中高緯度地域で繁殖し，冬は低緯度地域まで移動する。日本には冬鳥として各地に飛来。ヨシ原や農耕地で見られる。低空で飛びながら獲物を探し，小形哺乳類や小鳥を食べる。

渡り：各地の渡り観察地で記録されているが，チュウヒより少なく，中でも成鳥雄は稀。秋の渡りでは10月中旬以後の記録が多い。

❶成鳥雄（越冬地で撮影）。特徴的な羽色だが，チュウヒ成鳥雄で稀に翼の先端が黒く体下面が淡色のタイプがおり，本種と似る
❷成鳥雌。幼鳥に似るが，全体的に灰色味が強い
❸幼鳥。褐色部にオレンジ味を感じる
❹幼鳥。腰の白色部が目立つのが本種の特徴の一つ

1

2

3

4

イヌワシ

★☆☆☆☆

- 学　名／*Aquila chrysaetos*
- 英　名／Golden Eagle
- 全　長／♂72〜83cm, ♀86〜91cm
- 翼開長／167〜213cm
- 雌雄体格比／♂81%

分布など：ユーラシアと北米大陸, アフリカに分布。日本では北海道〜九州の山地に生息するが, 絶滅が懸念される生息域が少なくない。ウサギなどの哺乳類, ヤマドリ, ヘビなどを捕らえる。他種のタカの雛を襲ったり, 飛んでいるタカを捕らえることもあり, サシバなどは本種を強く警戒する。

渡り：通常は留鳥として周年, 同じ地域に生息するが, 渡りを思わせる成鳥の移動を観察した事例もある。

❶❷成鳥。クマタカより翼が細長く, 全体が黒褐色に見えることが多い。ハチクマ成鳥雌のうち, 体下面が暗色のタイプと見間違えることがある。ハチクマの風切には数本の細い帯があるが, 本種の風切はほぼ一様な暗褐色。あまり羽ばたかず, ゆったりと飛ぶのを見ることが多い
❸ノスリに襲いかかる若鳥。この狩りは失敗したが, 経験を積んだつがいは見事な連携で飛んでいるタカを捕らえる。移動中のサシバやハチクマは, 上空に本種の姿を見つけると, 一斉に急降下して逃れようとする
❹幼鳥。初列風切と尾の基部に大きな白斑をもち, 「三つ星」と呼ばれる。この白斑は遠くからでも目立つ

1

2

3

4

クマタカ

★☆☆☆☆

"生息地域では意外に観察しやすい
ポカポカ陽気は出会いのチャンス"

- 学　名／*Nisaetus nipalensis*
- 英　名／Mountain Hawk Eagle
- 全　長／♂70〜74cm, ♀77〜83cm
- 翼開長／140〜165cm
- 雌雄体格比／♂86%

分布など：中国南部, 東南アジア, ネパール,
インドなどに分布し, 日本では北海道〜九州の
森林地帯に生息。周年, 同じ地域に暮らすも
のが多い。ウサギやリス, ヘビなどを捕らえ
る。なわばりへの他個体の侵入を嫌う性質が
あり, 生息密度が高い地域では追い出し行動
としてのディスプレイフライトがしばしば見ら
れる。

渡り：通常は同じ地域に周年, 生息するが, 春
の渡り時期には, 若鳥がほかのタカと同様に北
上してゆく様子が観察されている。

❶成鳥のディスプレイフライト。両翼と閉じた尾を持ち上
げ, 胸を反らせる
❷成鳥。風切全体に明瞭な暗色帯。ハチクマのように先
端の帯のみが目立つことはない。翼指は7枚
❸前年生まれの若鳥。P1が脱落している。若齢個体はハ
チクマと間違えられやすい　6月
❹若鳥。成鳥に似るが, 風切の帯はやや淡く細く, 本数が
多い

ハヤブサ

★☆☆☆☆

" 渡りはもちろん,定住個体も楽しみたい
ド迫力のハンティングをぜひ！"

- 学　名／*Falco peregrinus*
- 英　名／Peregrine Falcon
- 全　長／♂38〜44cm, ♀46〜51cm
- 翼開長／♂84〜104cm, ♀111〜120cm
- 雌雄体格比／♂69%

分布：ほぼ全世界に分布し, 数多くの亜種が
記載されている。日本では九州以北で繁殖
し, 冬は全国で見られる。
生態：海岸の断崖や山地の岩壁で繁殖する
が, 近年, 高層ビルのテラスなど, 人工建造物
で繁殖する例が増えている。小鳥やハトを空
中で捕らえるスペシャリスト。渡りの時期には
ヒヨドリを多く捕らえ, 次々に小鳥を獲って貯
食する行動も見られる。

❶なわばりに侵入した幼鳥雌（左下）を攻撃する成鳥雄。
成鳥は幼鳥の足をがっちり掴み, この後2羽はもつれ合いな
がら落下し, 視界から消えた。本種の定住地では侵入個体
を追い出す行動が頻繁に見られる。成鳥と幼鳥の上面の色
の違いに注目　❷上面の青灰色が美しい成鳥雄

❸成鳥雄。胸は雌より白っぽく見える
❹成鳥雌。雄に比べ胸の斑が大きい傾向がある。上面はやや褐色味を帯び，これは老鳥となっても変わらない。雄に比べ胴が太く，頭が小さく感じられる
❺幼鳥雄。体下面に褐色の縦斑があり，成鳥との識別は容易

渡り：周年同じ地域で暮らす個体が多いが，長距離を渡ることもある。飛翔力に長け，遠く離れた地域の亜種が観察されることも少なくない。渡り鳥が集中する岬などでは一時滞在する個体が連日観察されるケースがある。また，こうした外来個体を定住個体が追い出す様子もしばしば見られる。

識別のポイント

ハヤブサ類の中では大形で，カラスほどのサイズ。雌雄による体格差が大きく，羽色や模様には雌雄でいくらかの違いがある。成幼の識別は容易。完全な成羽まで4年ほどかかるようで，同一個体を続けて観察すると，年々，褐色味の少ない羽色へと変化するのがわかる。さまざまな亜種が記録されているが，顔や体下面の模様による亜種識別は，中間的な形質をもつ個体もあり，簡単ではない。チゴハヤブサとは体格や翼形の違いが識別ポイントだが，本種の幼鳥雄でチゴハヤブサとよく似た模様や体形の個体がいるので要注意。

チゴハヤブサ

★★☆☆☆

"トンボ獲りを楽々とこなす
天空の軽業師"

- ●学　名／*Falco subbuteo*
- ●英　名／Eurasian Hobby
- ●全　長／♂32〜35cm, ♀33〜37cm
- ●翼開長／72cm〜84cm
- ●雌雄体格比／♂88%

分布：ユーラシア大陸に広く分布し, アフリカ南部まで移動して越冬するものがいる。日本では北海道と本州中部以北の一部地域で繁殖する。

生態：平地の林縁部など開けた環境を好み, 社寺林など, 小規模の林地でも営巣する。自分では巣を作らず, カラスの古巣などを利用する。主に小鳥や昆虫, コウモリを空中で捕らえ, 渡り中でも空中でトンボを捕食する光景がしばしば観察される。

渡り：秋の渡りでは各地で観察される。本州では9月下旬〜10月中旬の通過が多く, 伊良湖岬では観察しやすい。九州では9月上旬から渡りが見られるが, これは大陸で繁殖する個体群だろう。国内での越冬記録もあるがごく稀で, 古い観察記録の中にはハヤブサ幼鳥との誤認もありそうだ。

1

❶ぐんぐん接近する幼鳥。幼鳥は顔の淡色部がクリーム色。嘴に昆虫の破片？が付着していた。トンボを食べた直後だろうか
❷幼鳥。上面は褐色味を帯び, 各羽の淡色羽縁が目立つ
❸成鳥。下腹部〜下尾筒が赤褐色な点が特徴

2

3

❹幼鳥。下腹部〜下尾筒は黄褐色。嘴に昆虫の破片が付着している。見る角度によっては翼が細長く感じられず、ハヤブサとの識別に注意が必要

❺若鳥。先端の摩耗の具合と色合いから、初列風切 P3〜6 が新羽、P7〜10 が旧羽とわかる。下腹部〜下尾筒は濃淡の羽毛が混在し、赤色味が弱く感じられる。おそらく前年生まれの個体であろう。中央尾羽が突出しているが、これは本種でしばしば見られる形だ　9月 白樺峠

❻若鳥。上面には褐色と青灰色の2世代の羽毛が混在。初列風切は2枚が新羽　10月 白樺峠

❼❻と同じ個体。下面は成鳥とよく似る

識別のポイント

雌雄はほぼ同色で、雌雄による体格差はハヤブサほど大きくないので識別は難しい。下腹部は成鳥が赤褐色で、幼鳥は淡褐色か黄褐色。ハヤブサの幼鳥に似るが、本種は翼が細長く、体下面の縦斑がより太くて連続的な模様となる点が識別ポイント。ハヤブサの中には本種とまぎらわしい体形や模様の個体もいるので要注意。空中でトンボを獲る行動も識別情報として活用できる。

チョウゲンボウ
★☆☆☆☆

"身近に見られる普通種だが
渡り観察ではうれしいお客さん"

- 学　名／*Falco tinnunculus*
- 英　名／Common Kestrel
- 全　長／♂ 33cm, ♀ 38cm
- 翼開長／68cm〜76cm
- 雌雄体格比／♂ 87%

分布など：ユーラシアとアフリカに広く分布。
日本では主に本州中部以北で繁殖し、冬季は
各地に飛来。農耕地や河川敷で見る機会が
多く、電線や鉄塔など、見通しのよいところに
止まったり、ホバリングしながら小形哺乳類や
トカゲ、カエルなどを見つけて捕らえる。

渡り：春と秋、各地で渡りが観察されるがやや
少ない。上昇気流を利用して帆翔することも
あるが、滑翔を交えた羽ばたき飛翔をメインに
移動することが多い。

❶成鳥雄（越冬個体）。下面全体の斑が小さい個体。大
陸から飛来したものかもしれない。雄は頭部が灰色で尾の
先端部に幅広い黒色帯がある
❷若鳥雌？ 幼鳥的な模様の羽毛と灰色っぽい成羽が混在。
雄と異なり、尾の中間部に細い帯がある
❸幼鳥。成鳥雌に似るが、全体的にオレンジ色味を帯
び、雨覆の模様が整然としている
❹幼鳥。上面もオレンジ色味が強く、灰色味を感じない。
淡色羽縁は成鳥より明瞭

1

2

3

4

コチョウゲンボウ

★ ☆ ☆ ☆ ☆

"ちっちゃくて速い！
神出鬼没な北方種"

- 学　名／*Falco columbarius*
- 英　名／Merlin
- 全　長／♂ 27〜30cm，♀ 31〜34cm
- 翼開長／64cm〜73cm
- 雌雄体格比／♂ 79%

分布など：ユーラシアと北米大陸の北部で繁殖し，冬は温帯域まで移動する。日本各地に冬鳥として飛来し，広い農耕地や河川敷などで見られる。主に小鳥を捕食する。夕刻に活発に狩りを行い，かなり暗い時間帯にも活動する。

渡り：春と秋，各地で渡りが観察されるが少ない。ほかのタカがほとんど渡らないような天気や時間帯にも現れ，観察者をあわてさせる。アイスランドで繁殖する個体群は，夜間も飛び続けてヨーロッパ本土まで移動するという。

❶成鳥雄。体下面は褐色味のあるオレンジ色
❷成鳥雌（越冬地で撮影）。幼鳥に似るが，上面全体が青灰色味を帯びる。小さいながら顔つきは精悍
❸幼鳥。全体にオレンジ味を帯びる
❹濃霧の中に現れた幼鳥。めったに近くを飛ばない本種が，目の前で風にのってゆったりと浮かぶ。でも霧でかすんで写真は撮れない。このときの悔しさが忘れられない
4月 龍飛崎

- シルエットでも大丈夫 !? -
飛んでいるタカの識別講座

PART1

渡りの現場で使える識別テクニック

　いろいろなタカが見られる渡り観察。その楽しみの一つが識別, つまりタカを見分けることだ。サシバなのかハチクマなのか, と種名を知ることからスタートし, 次は雌雄や年齢, さらにはどの地域からやってきた個体なのか……と, どこまでも奥深い。実はタカの識別法はまだまだ未完成の分野なので, 誰も気づいていない新しい技を見つける喜びもある。この楽しみがあるからこそ, 何年も渡り観察を続けられるというベテランも多い。本稿では基礎から裏技的テクニックまで, 渡り観察の現場で活用できる識別術をいくつか紹介しよう。

✦ サイズの見極め ✦

　タカを識別する最初の一歩は, サイズの見極めだ。ところが, これが意外なほど難しい。我々の目（脳）は, 空中に浮かぶ物体のサイズを捉えるのが苦手らしい。わかりやすい例を挙げると, 真上の月よりも, 地平線近くの月の方がはるかに大きく見える錯覚がそれだ。タカの場合, 雲一つない快晴や, 一様にムラなく曇った条件で頭上を飛ばれたときに大きさを見誤りやすい。飛んでいるタカのサイズを, より正確に知るための手がかりをいくつか紹介しよう。

①旋回半径

　小さいタカは, 体に対して小さな半径でクルクルとすばやく旋回する。一方, 大きなタカは体に対し大きな半径でゆったりと旋回する。タカが描く円の直径と体の大きさとのバランスやスピード感は, 種や条件が変わっても安定している。渡り以外の時期でも, 機会があれば旋回するトビなどをしっかり見ておくとよいだろう。

②羽ばたき方

　多くの場合, 小さいタカはパタパタと早く羽ばたき, 大きなタカはバッサバッサと重そうに羽ばたくが, タカは臨機応変に羽ばたき方を変える。例えば雨や夜露で羽が濡れていると, タカは通常よりゆったり羽ばたく。こんなときは実際より大きなタカに見えてしまうので注意が必要だ。また, 羽ばたきの様子からはタカの重量感も伝わってくる。似た種の識別や, 成鳥・幼鳥の識別には, こうした重量感が識別ポイントの一つとなる。羽ばたいたときの翼のしなり方, 胴の揺れ具合などに注目したい。

③一緒に飛んでもらう

　複数のタカを同時に見る機会が多いのは渡り観察ならでは。別種, あるいは雌雄でサイズに差のあるタカが一緒に飛んでいるときは, 大きさの違いはもちろん, それぞれの羽ばたきのリズムを意識して観察しよう。また, 身のこなしにも違いが見られるかもしれない。ツミやハイタカなど機敏な飛翔が得意なタカでは, 同種の大形個体と小形個体の間でも, 動作のキレに差が感じられるはずだ。

✦ 成鳥と幼鳥の違いを楽しむ ✦

　成鳥と幼鳥の識別は種によって難易度が

オオタカ幼鳥雌（右），ハイタカ成鳥雄（中央），ハシブトガラス（左，やや高く飛ぶ？）が接近して飛んでいる。大柄なオオタカと小柄なハイタカでは，こんなにもサイズが異なる。両種の尾の先端の形の違いにも注目

さまざまだが，年齢がわかるとさらに奥深い世界が見えてくる。成鳥と幼鳥で渡る時期が違うタカは少なくない。また，その構成比が地域によって異なるケースもある。成鳥と幼鳥の識別は，渡り観察でぜひ挑戦して欲しいテーマだ。

①換羽に注目

　飛んでいるタカをじっくり観察すると，風切や尾羽の換羽状態を知ることができる。鳥の羽毛は一定期間が過ぎると抜け落ち，新しい羽毛へと生え替わるが，こうした羽毛の更新を「換羽」と呼ぶ。卵から孵化したタカの雛は，全身の羽毛を一気に完成させて巣立つ。つまり，幼鳥がまとっている羽毛（幼羽）は，風切羽や尾羽を含め，巣の中で同時に生えそろったものだ。幼鳥は巣立った数か月後から風切や尾羽を1枚ずつ，順に更新

してゆく。したがって幼羽の次の世代の羽毛からは，隣同士で伸長時期にズレが生じる。ちなみに小形や中形のタカは1年間，大形のタカでは2年以上をかけて全身の羽毛を新しいものへと交換する。また換羽は基本的に左右がそろう形で進み，そのタイミングと順序は種や性別でほぼ定まっている。新しい羽毛と古い羽毛とでは，褪色による色合いの違いがしばしば見られるが，特に風切は色調の差が大きく現れる。羽毛の先端の摩耗の状態からも新旧の羽毛を見分けられる。

　秋の渡りで見るタカの幼鳥は，巣立ち直後のため換羽の痕跡がない。つまり，この時期に風切や尾羽に新旧の羽が混在しているなら，その個体は幼鳥ではないといい切れる。換羽経験の有無がわかりやすいのは翼の後縁だ。幼鳥の次列風切は同時に伸長したものであり，すべてが均質で翼の後縁は凸凹

感のないなめらかなラインを描く。一方，成鳥の風切は時間差がついてバラバラに伸長した結果，色調だけでなく，長さも不ぞろいになっていることが多々ある。その結果，成鳥の翼の後縁は凸凹になり，シルエットを見た

だけで「成鳥！」と判定できるのだ。また，幼鳥の次列風切や尾羽の先端の形状は，成鳥のそれよりもとがる傾向があり，これも識別点として活用できる。各羽の先端の「淡色羽縁」と呼ばれる白色部も注目ポイントだ。

ハチクマ成鳥雌。左右とも P5 が伸長中で，通常より短い羽がシルエット状に見える。ハチクマは，秋の渡りでこのような位置を換羽している個体が多い。P4〜翼の付け根の後縁のラインはシンプルな弧を描き，この形は「C カーブ」と呼ばれる。次列風切をよく見ると，赤色味の強い古い世代と青色味の強い新しい世代が混在していることがわかる

ハチクマ幼鳥。P4〜翼の付け根のラインは，P1 付近で少し凹み「S カーブ」を描く。ハチクマの場合，S カーブと C カーブの違いは，かなり遠方からも認識できる。各風切の淡色羽縁がそろっていることにも注目

ミサゴ成鳥。次列風切の後縁に凸凹がある

ミサゴ幼鳥？ 翼の後縁のラインがなめらかで，各羽の淡色羽縁がよくそろっている。成鳥に比べ，P5 と P6 の長さの差がわずかに大きい。また，P1〜5 の初列風切がいずれも成鳥より短く，翼の後縁が S カーブを描く。次列風切の数枚は青色味が強く見えるが，これは新世代の羽毛かもしれない

②シルエットの違い

　図鑑などであまり紹介されていないが, 実は多くのタカで成鳥と幼鳥で翼形に違いがある。特にハチクマ, ミサゴ, トビ, オオタカなど, 中形以上のタカでその違いが顕著な傾向がある。成鳥と幼鳥のシルエットの特徴を覚えれば, 模様などがよく見えない逆光でも識別が可能になり, たいへん便利だ。また, 幼鳥は成鳥より胴が細くやせて見えることが強い。また, 筋肉の発達が不十分な幼鳥は, 胸板が薄く見え, 頸が細く感じられることが多い。羽ばたき方も成鳥に比べ弱々しく, 風の強いコンディションでは, 幼鳥のほうがあおられやすい。

③羽の透け具合

　風切や尾羽には, 成鳥と幼鳥とで質的な違いがある。幼鳥の羽毛はいわば急ごしらえの簡素なもの。一方, 成鳥の羽毛は十分な時間と栄養を投入して作りあげた完成品だ。実際, 手に取って比べると, 幼鳥の羽毛は成鳥のものより薄く, 軽く, 羽軸も細い。この違いも識別ポイントとして活用できる。逆光で翼が透ける条件でツミの成鳥と幼鳥を見比べてみよう。幼鳥は次列風切と雨覆で光の透過量が大きく異なり, その境界が明瞭だ。一方, 成鳥の次列風切は厚みがあるためか光をあまり透過せず, 雨覆部との境界が不明瞭となる。

✺ ハイタカ類は翼形に注目 ✺

　飛んでいるタカを見分ける中で, ハイタカ類の識別は大きな難関だろう。Part-2の種別の解説ではチェックすべきポイントを数多く図示しているが, 種の識別までなら, 翼の形を見ればほぼ完結してしまう。ここではハイタカ類の翼形による簡単識別法を補足的に紹介する。

ツミ成鳥雌。風切のうち, 光が透けているのは一部のみ

ツミ幼鳥。風切全体が光を通し, 雨覆の部分が影になっており, その境界は明瞭。尾羽の透け方が成鳥と同様な点が興味深い

ハイタカ成鳥雄。翼先に4枚の風切が突出し，その部分の幅が翼端に丸味をもたせる

①ツミとハイタカは翼指をすばやく数える

　この2種の識別ポイントはズバリ翼指の数だ。これを数えられれば，間違うことなく瞬時に見分けられる。既存の図鑑だと識別ポイントとして「ツミは5枚，ハイタカは6枚」と必ず書かれているはずだが，実際の見方はちょっと違う。外側の短い2枚（P9とP10）は，両種で大きな違いはなく，そもそもこの2枚は翼が半開きの状態だと分離しないのだ。そこで比べるのはP5〜8である。ツミではこのうちP5が短いのでP6〜8の3枚のみが長く突出する。一方，ハイタカはP5〜8の4枚が長く突出する。つまり数えるべきは「5枚 or 6枚」ではなく「3枚 or 4枚」なのだ。見慣れてくると両者の違いは「数の差」ではなく，突出部の「幅の差」として認識で

ツミ成鳥雌。突出する風切は3枚。この枚数がハイタカより少ない分，翼端がとがって見える

アカハラダカ幼鳥。翼端はツミよりさらにとがり，2枚の風切を頂点に三角形をつくる

きるので, たいへんスピーディーに, しかもミスなく識別できる。同様の見方をすればアカハラダカは P7 と P8 の 2 枚だけが突出することになり, ツミとの識別は難しくない。

②オオタカとハイタカは翼端部の　面積バランスを見る

　ハイタカはオオタカに比べ, 翼端部(初列風切の中で翼指として分離する部分)の面積が大きい点が最大の識別点だ。見方としては, 翼角を通る境界線を設定し, その内側と外側の面積比をイメージするとよい。大雑把に数値化すれば, その比率(内:外)はハイタカで4:6, オオタカで4.5:5.5となる。

　またハイタカとオオタカでは, P4, P5, P6 の長さのバランスが異なる。ハイタカは P4 と P5 の長さの差が大きく, P5 と P6 の差が小さい。一方, オオタカでは P4 と P5 の差がハイタカより小さい。この 2 種の翼指はどちらも 6 枚だが, このような違いにより, オオタカの翼の先端はハイタカよりもとがって見える。

オオタカ若鳥。この写真では左翼に本種の特徴がよく現れている。翼の後縁のカーブもハイタカとは異なる

ハイタカ成鳥雌。翼形以外では, 頭部の大きさや形に本種の特徴がよく出ている

そのうに注目

文・写真◎佐伯元子

渡っていくタカを1羽ずつ, 双眼鏡や望遠鏡を使ってじっくり見ていると, 胸のあたりが膨らんでいる個体がいる。これは, 食べたものが一時的に「そのう」という器官に入っている状態で, そのタカが少し前に何かを食べたことがわかる手がかりだ。

そのうが膨らんだ個体が目立つのがハチクマとハイタカ属だ。白樺峠では20年以上にわたり, タカのそのうの状態も記録しているが, 毎年, ハチクマの成鳥の3分の1ほど, 幼鳥の4分の1ほどの個体にそのうの膨らみが確認される。ほかのタカでも多かれ少なかれ, そのうが膨らんだ個体が見られる。渡りの途中にも食物を摂っているのだ。一方, カウント数の多いサシバではそのうの膨らんだ個体を見ることがあまりない。膨らみが見られるかどうかは, 一度に食べる量にもよるのだろう。

そのうの状態なんて, 飛んでいるタカを見てわかるのだろうか——そう思った人はぜひ, 自分の目で確かめてほしい。ある程度, タカの横顔が見える角度から見れば, 見上げていてもけっこうわかるものだ。ハチクマは大きくて頭部が比較的ほっそりしているので, 多少遠くても膨らみが目立つ。見慣れれば, そのうが大きく膨らんだハチクマは真下から見てもわかる。ずんぐりとした体形のノスリでは, ちょっと見分けづらいが, くるりと旋回したときなら膨らみが確認しやすくなる。

そのうの膨らみチェックは誰にでもできる。「今日は満腹のタカが多いな」などと思いながら渡りを見るのも, また楽しい。

そのうの膨らみが目立つハチクマ雄成鳥。秋の渡りのころ, クロスズメバチ類の巣にはハチクマが食べきれないほど大量の幼虫がいる　9月　白樺峠

そのうが膨らんだハイタカ雄幼鳥。渡る小鳥を襲う場面に遭遇することもよくあり, 小鳥の多い日は, こんな姿のタカが目につく　4月　龍飛崎

渡りで使える
タカの識別講座
PART2

比べて見分ける

基本4種
〜その1〜

タカは真上を飛ぶとは限らない。本稿ではさまざまな角度から似た種を見分けるポイントを紹介する。

まずは
出会う機会の多い
4種を比較
識別に役立つ
「目のつけどころ」が
満載!

白色パッチが目立つ

尾の先は両端がとがり，しばしば中央が凹む

全開時も翼の前縁がくの字に折れる

風切の帯はほとんど見えない

トビ成鳥

ノスリ成鳥
暗色パッチが目立つ
尾の先は丸い

ハチクマ成鳥♀
風切に帯が目立つ
腰線が目立つ
尾の先は丸い

翼は細長い
サシバ成鳥
尾の先は丸い

ハチクマ成鳥♂
ほぼ一直線
風切と尾の帯が目立つ

トビ成鳥
両翼が浅いへの字
浅いV字
尾は三角形
暗色パッチが目立つ
ノスリ成鳥

ほぼ一直線
サシバ成鳥

＊本稿（70〜79ページ）では形や模様の違いを比較するため，あえてタカのサイズの違いを再現せずにレイアウトした

翼に対して
胴がやや細い

この個体は
換羽中で翼
指が1枚少
ない5枚

ハチクマ
成鳥♂

頭が小さく
頸が長い

トビ成鳥

頸が短い

翼端は
暗色ではない

ノスリ成鳥

翼に対して
胴が太く
大きい

翼端は
暗色

渡りで使える
タカの識別講座
PART2
比べて見分ける

基本4種
〜その2〜

尾は
やや短い

翼に対して
胴が小さく
華奢な体形

サシバ幼鳥

翼全体が
くの字の
イメージ

白色パッチが
目立つ

翼指6枚

翼指6枚

ハチクマ幼鳥

トビ成鳥

尾は薄い

尾はやや薄い

虹彩は暗色

虹彩は暗色
（成鳥♂は暗色
成鳥♀は黄色）

翼指は5枚

虹彩は暗色
（成鳥は黄色）

翼指は5枚

虹彩は暗色
（幼鳥は淡褐色）

翼指は5枚

暗色パッチは
個体により
さまざま

サシバ幼鳥

尾に
厚みを感じる

ノスリ成鳥

尾は薄い

翼がへの字に曲がり
先端が胴より下がることが多い

トビ成鳥

胴はスリム

翼はしなやかで
べらっとした印象

ハチクマ幼鳥

幼鳥は
翼がやや薄い

幼鳥は白斑が
目立つことが多い

胴はスリム

翼が薄い印象

サシバ幼鳥

頭～胴は連続的な紡錘形で
魚的なイメージ

翼は厚く硬い印象

ノスリ成鳥

胴に丸みがあり
ぽっちゃりした体形

トビ成鳥

尾の先端に
クリーム色の
細い帯

背中, 肩, 翼の
淡色部が目立つ

頭部は翼の前縁から
三角形につき出る
（頭に丸みがない）

上面は淡褐色と
暗褐色の
ツートンカラー

ハチクマ
成鳥♀

上面は暗褐色

全体的に
軽やかな印象

全体的に
高密度な印象

頭の丸み
が強い

上面は灰色味の
ある褐色

ノスリ成鳥

サシバ成鳥

上面は赤色味の強い暗褐色
（幼鳥は赤色味が弱い）

縦斑をもつ
中形3種

オオタカ, サシバ, ハヤブサの
幼鳥はどれも体下面に縦斑が
あり, サイズも近い。模様の
微妙な差異とフォルムに注目

腮線が
目立つ

尾の帯は
まばら

雨覆は淡色部が多い
個体と褐色部が多い
個体がある

サシバ幼鳥

ハヤブサ幼鳥

ハヤブサ髭（ひげ）が明瞭

雨覆は褐色部が多い

翼先はとがり
風切は分離しない

尾の帯は密

翼はやや幅広い

腮線は目立たない

雨覆は
淡色部が多い

オオタカ幼鳥

サシバ幼鳥
体は華奢で
軽い印象

翼端は
やや暗色

風切の模様
はまばら

風切の模様は密

翼は細長い

翼指は5枚

ハヤブサ幼鳥

尾の帯は
まばら

オオタカ幼鳥
体は頑丈で
重量感に富む印象

風切の模様
はまばら

体下面の模様は
個体差が大きい

翼指は6枚

虹彩は
暗褐色

脇に粗い横斑

ハヤブサ若鳥

この個体は
換羽により
翼端が変形

脇にも縦斑

オオタカ幼鳥

尾に厚みを感じる

尾が薄い

虹彩は
暗色

虹彩は黄色で
鋭い目つき

尾の付け根が
肉厚に見える

サシバ幼鳥

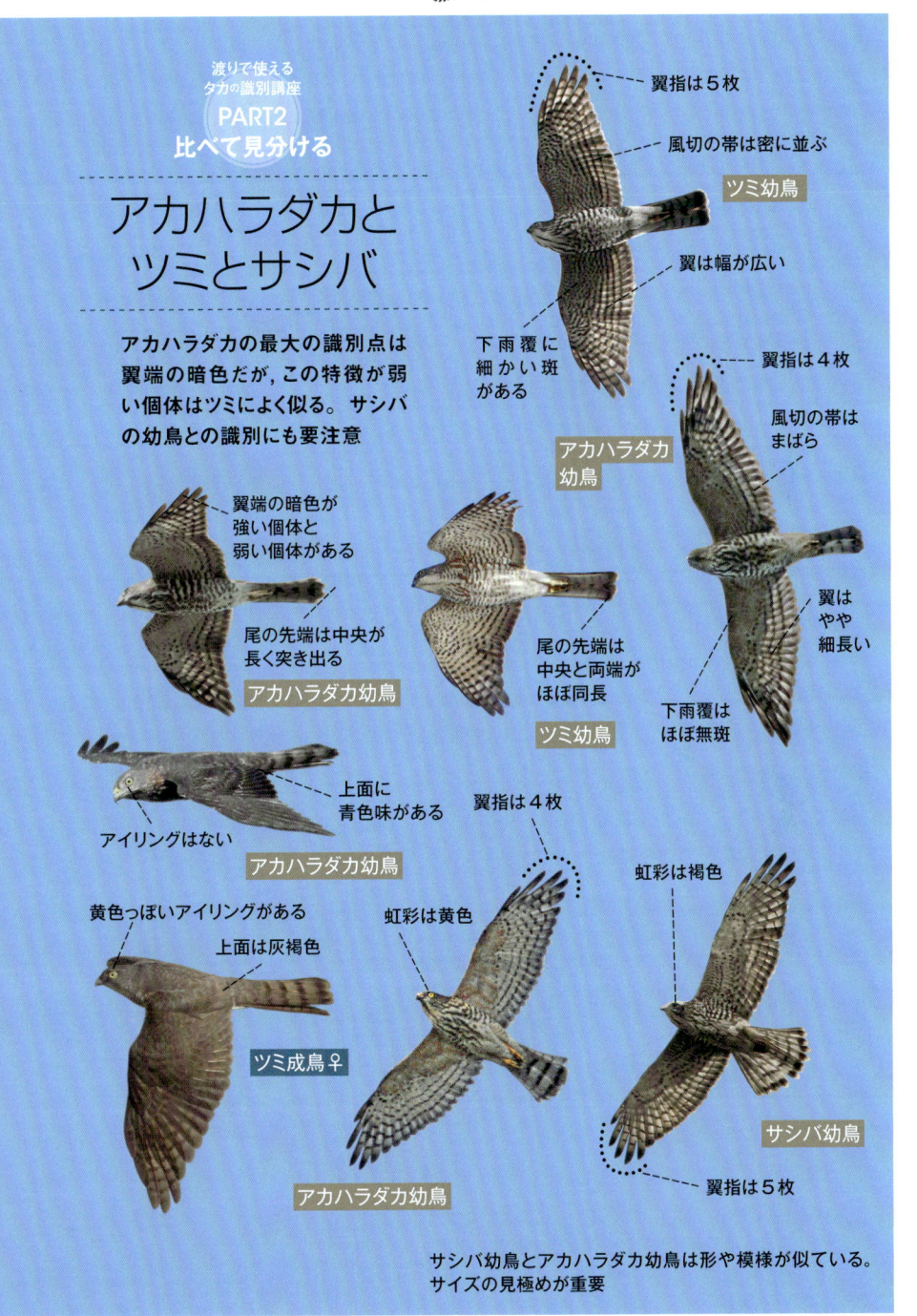

渡りで使える
タカの識別講座
PART2
比べて見分ける

アカハラダカと
ツミとサシバ

アカハラダカの最大の識別点は
翼端の暗色だが，この特徴が弱
い個体はツミによく似る。サシバ
の幼鳥との識別にも要注意

翼指は5枚

風切の帯は密に並ぶ

ツミ幼鳥

翼は幅が広い

下雨覆に
細かい斑
がある

アカハラダカ
幼鳥

翼指は4枚

風切の帯は
まばら

翼は
やや
細長い

下雨覆は
ほぼ無斑

翼端の暗色が
強い個体と
弱い個体がある

尾の先端は中央が
長く突き出る

アカハラダカ幼鳥

尾の先端は
中央と両端が
ほぼ同長

ツミ幼鳥

上面に
青色味がある

アイリングはない

アカハラダカ幼鳥

翼指は4枚

虹彩は褐色

黄色っぽいアイリングがある

上面は灰褐色

虹彩は黄色

ツミ成鳥♀

アカハラダカ幼鳥

サシバ幼鳥

翼指は5枚

サシバ幼鳥とアカハラダカ幼鳥は形や模様が似ている。
サイズの見極めが重要

ツミとハイタカ

渡り観察で悩むこと
の多い組み合わせ。
動きがすばやいの
で, スピーディーな識
別が要求される

翼指は5枚

ツミ成鳥♀

翼指は5枚

翼指は6枚

ツミ幼鳥

ハイタカには
体下面がツミと似た
模様の個体がいる

ハイタカ
幼鳥♂

ハイタカはツミより
この部分の面積が広く
翼端の丸みが強い

ややとがる

頬は灰色

頬に細い模様はなく
腮線がやや目立つ

ツミ成鳥♀

頬は
白っぽい

ツミ幼鳥

ツミ成鳥♂

ハイタカ成鳥♂

風切の帯は密

風切の帯は
まばら

頬〜喉に
細かい縦斑があり
腮線が目立たない
個体が多い

ハイタカ幼鳥

ツミ成鳥♀

頭が大きく
胴に対し翼が小さい

ハイタカ幼鳥♀

頭が小さく
胴に対し翼が大きい

渡りで使える
タカの識別講座
PART2
比べて見分ける

オオタカと
ハイタカ

オオタカの若い個体はハイタカとよく似た模様をもち，識別の難易度が高い

翼指は6枚

オオタカ若鳥♀

胴は太く
重量感に富む

翼指は6枚

ハイタカ
幼鳥♀

ハイタカは
この部分の面積が
オオタカより広い

胴はやや細く
重量感に乏しい

オオタカ若鳥♂

翼指部の
帯は不明瞭

翼指部の帯が明瞭

尾の先端は
中央が長い

頭頸部が
翼前縁から
大きく突き出る

頭頸部の
翼前縁からの
突き出しは小さい

ハイタカ成鳥♀

尾の先端は
外側と中央で
ほぼ同長

眼帯は
全体が均一の濃度

オオタカ若鳥♂

尾の付け根は
肉厚で頑丈

ハイタカ幼鳥

尾の付け根
は頑丈に見
えない

オオタカ若鳥

オオタカは
背筋を伸ばした姿勢

ハイタカは
頸をすくめた独特の猫背姿勢

眼帯の濃度は不均一
眼の周囲が暗色で
縁取られる

オオタカ若鳥♂

ハイタカ成鳥♀

翼の後縁の湾曲は
やや深い

翼の後縁の湾曲は
やや浅い

ハイタカ幼鳥
眼が大きい

渡りで使える
タカの識別講座
PART2
比べて見分ける

ハチクマと
クマタカ

サイズは異なるが，模様や飛翔形に共通
点があり，しばしば誤認される組み合わせ

ハチクマ成鳥♂

換羽により
翼指が少ない

頭頸部は翼前縁から
長く突き出す

風切と尾には
太く明瞭な帯と
細く不明瞭な
帯が混在

少数の太い帯

クマタカ成鳥

頭頸部の
翼前縁からの
突き出しは小さい

風切には
明瞭な帯が
等間隔に並ぶ

尾には密で
明瞭な帯

ハチクマ幼鳥

翼は
やや細長い

翼端は
ややとがる

幼鳥と成鳥♀は
翼端部が広く暗色

翼指は7枚あり
翼端まで幅広

翼指は6枚

**ハチクマ
幼鳥**

まばらな帯

翼端は暗色に
ならないか，
わずかに暗色

クマタカ若鳥

クマタカ若鳥
翼は幅が広い

クマタカ若鳥

翼の後縁は
大きく湾曲する

翼の後縁の
湾曲は大きくない

頭が小さい

虹彩は
成鳥♂で暗色
成鳥♀で黄色
幼鳥で暗色

ハチクマ幼鳥

頭が大きい

虹彩は
成鳥で黄色
幼鳥で
鈍い黄色

クマタカ若鳥

渡りで使える
タカの識別講座
PART2
比べて見分ける

ノスリと
ケアシノスリ

ケアシノスリとの出会いは貴重。
観察条件の悪い中でも識別でき
るよう，しっかりと特徴を覚えたい

ノスリ成鳥
淡色部と暗色部の
コントラストは
強くない

次列風切と尾の
帯は密

**ノスリ幼鳥
（腹に幅広
の帯をもつ
稀な個体）**

閉じたときの
翼端はあまり
とがらない

**ケアシノスリ
成鳥**
尾の付け根は
白さが際立つ

次列風切と尾の
帯はまばら

閉じたときの
翼端は
鋭くとがる

**ノスリ
成鳥**

淡色部と暗色部の
コントラストが
強い（特に成鳥）

ケアシノスリ幼鳥

先端の
帯が目立つ

ケアシノスリ成鳥

尾には先端に太い帯と
その内側に細かい帯が多数

先端に太い帯と
その近くに1～2本の細い帯

ノスリ成鳥
上面は褐色味が
強い

ケアシノスリ成鳥
成鳥の上面は灰色味が強い

白く目立つ

**ケアシノスリ
幼鳥**

75

チュウヒと
ハイイロチュウヒ

渡り観察で出会うハイイロチュウヒは
幼鳥や成鳥雌が多く, チュウヒに似る

♀は胴が太く
重量感がある

チュウヒ
成鳥♀

♂は重量感に
乏しい

明瞭な帯は
翼端部のみ

チュウヒ
成鳥♂

チュウヒ
成鳥♂

下面全体が淡色で
次列風切に模様のない個体

重量感に
乏しい体格

ハイイロチュウヒ
幼鳥

次列風切の
帯が目立つ

ハイイロチュウヒ
幼鳥

風切全体に明瞭な帯

次列風切には
明瞭な帯が3本

ハイイロチュウヒ
幼鳥

ハイイロチュウヒ
成鳥♀

白色部が
目立つ

次列風切は
先端の帯のみが
明瞭

チュウヒ成鳥

腰の白色部は
目立たない
個体が多い

尾の帯は
まばらで明瞭

チュウヒ
成鳥♂

尾の帯は密で
やや不明瞭

渡りで使える
タカの識別講座
PART2
比べて見分ける

オオワシと
オジロワシ

**オオワシの若い個体は
オジロワシにそっくり**

翼は付け根で
幅が狭まり,
後縁は大きく
カーブする

翼の付け根は
幅が広く,
後縁は
小さくカーブする

新しい
世代の
風切

**オオワシ
幼鳥**

**オジロワシ
若鳥**

巨大な嘴は年齢を重ねると
鮮やかな黄色になり
重要な識別ポイントとなる

**オオワシ
若鳥**

**オジロワシ
成鳥**

尾は中央が
突き出た
特徴的な
5角形

摩耗によって尾が
短くなった個体

**オオワシ
幼鳥**

尾は長くない

真下からは
嘴が大きく
見えない

頭頸部は
翼前縁から
長く突き出す

頭〜胸の
ベージュ色は
オジロワシ
成鳥の特徴

**オジロワシ
幼鳥**

頭頸部の
翼前縁からの
突き出しは小

嘴が大きく,その高さは
頭頂より少し低い程度

嘴の高さは
頭頂より明らかに低い
(個体差あり)

摩耗のない個体は
尾が長い

オオワシ幼鳥

オジロワシ幼鳥

渡りで使える
タカの識別講座
PART2
比べて見分ける

ハヤブサ類
4種

**渡り観察では脇役的な存在だが
それぞれに模様やフォルムに特
徴があり, 識別が楽しい**

ハヤブサ
幼鳥
がっしりとした
体格で
重量感に富む

翼端はとがる

翼端は
鋭くとがる

チゴハヤブサ
成鳥

下腹～
下尾筒が
赤い

体下面の
縦斑は密

体下面の
縦斑は
まばら

スリムな
体格で
軽快な印象

チゴハヤブサ
幼鳥

翼が細長く
鎌のような形

チョウゲンボウ
成鳥♀

細長い尾が
印象的で
胴に丸みを
感じることが多い

ハヤブサ
幼鳥

脇に
横斑がある

ハヤブサ髭（ひげ）
は明瞭で眼の後方から
頭部へとつながる

チョウゲンボウ
若鳥?♂

ハヤブサ髭はやや明瞭で
眼の下で途切れる

コチョウゲンボウ
幼鳥

眼の後方やや下で
暗色部が突出する

ハヤブサ髭は
明瞭で
眼の後方から
頭部へと
つながる

脇はまばらな縦斑

チゴハヤブサ
幼鳥

ハヤブサ髭は不明瞭

コチョウゲンボウ
幼鳥

チゴハヤブサ
幼鳥

体下面の縦斑はまばら

翼端にやや丸みがある

チョウゲンボウ
若鳥?♀

頭が大きく
胴に対して
翼が小さい

体下面の縦斑は
まばらで連続的

体下面の縦斑は密

長い尾が最大の特徴

ハヤブサ
幼鳥

尾の先端近くに明瞭な帯

コチョウゲンボウ
幼鳥

尾が長くはなく
先端が幅広く
長方形的に
見えることが多い

チョウゲンボウ
成鳥♀

風切の帯は
明瞭でまばら

風切の帯は不明瞭で細かい

眉斑は目立たない

尾はやや長く
先端に向かって
徐々に細くなる
ことが多い

眉斑が目立つ

眉斑はあまり目立たない

チゴハヤブサ
幼鳥

コチョウゲンボウ
幼鳥

翼は長く
先端は鋭くとがる

チョウゲンボウ
若鳥?♂

翼は長く
先端は鈍くとがる

短い翼は
先端が鋭くとがり
戦闘機的な体形

タカの渡りブックガイド

構成◎佐伯元子 (S)、久野公啓 (K)

図鑑
―海外編―

Raptors of the World: A Field Guide (Helm Field Guides)

James Ferguson-Lees, David A. Christie 著
15.6×23.4cm・320ページ, 35.00英ポンド

Houghton Miifflin Company／ Princeton University Press

その名の通り, 世界のタカ類, ハヤブサ類を網羅したイラスト図鑑。広辞苑並みに分厚いオリジナル版 (2001年) は半分以上が詳細な解説ページでかなりの情報量。ここで紹介するのは図版だけをまとめたペーパーバック版 (2005年) で, 手に取って気軽に眺めるのにちょうどよい。海外の文献に登場するタカも, この図鑑を見ればどんな鳥なのか知ることができ, もし見慣れないタカを観察したときも調べられる。(S)

The Crossley ID Guide: Raptors

Richard Crossley, Jerry Liguori, Brian L. Sullivan 著
19.5×24.8cm・288ページ, 29.95米ドル
Crossley Books, Princeton University Press

こんなに楽しい識別図鑑があったとは, と胸おどる内容の図鑑。前半の図版では1枚の風景の中にさまざまな姿勢のタカの画像が散りばめられ, まるで絵本のような構成。クイズ形式になっているページもあり, 開くたびにわくわくする。北米のタカの図鑑だが, 日本でも見られる種や近縁種が出てくるので, 識別の勉強にも大いに役立つ。(S)

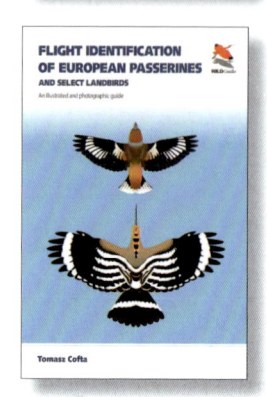

FLIGHT IDENTIFICATION OF EUROPEAN PASSERINES AND SELECT LANDBIRDS

Tomasz Cofta 著
15.6×23.5cm・496ページ, 45米ドル
Princeton University Press

飛翔時の鳥に特化した識別図鑑。タカの渡りといえば飛んでいるタカを見るのが当たり前。でも, 飛んでいる小鳥は図鑑を見ても飛翔時の姿まで出ているのは一部の鳥だけで, 識別をあきらめている人も多いかもしれない。本書はヨーロッパのスズメ目の鳥に限るが, 見開き2ページで1種の構成で, 飛翔写真をこれでもかというくらい並べており, さらにシルエットの特徴をよく表現したイラストがすばらしい。イラスト図鑑を作るなら, こういう特徴こそ描き込んでほしいと思う。飛んでいる鳥を見るのが渡りウォッチングの醍醐味。ページをめくるだけでもその楽しみが伝わってくる。(S)

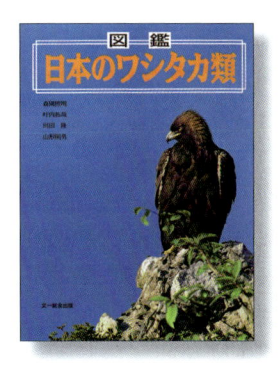

図鑑 日本のワシタカ類 第2版

森岡照明・叶内拓哉・川田 隆・山形則男 著
A4判・632ページ
定価19,800円, 文一総合出版

大判でハードカバー, 写真をずらりと並べた豪華な図鑑。ふんだんに使われた写真も魅力的だが, 解説まで読むと情報量がものすごい。第2版が出てから四半世紀が過ぎていて, その後明らかになったことは含まれていないのだが, 今でも貴重な内容であり, タカを見る人なら手元に置いてほしい一冊。紙版は現在品切れだが, 有料の図鑑閲覧サイト「図鑑.jp」(https://i-zukan.jp) で電子書籍が読める。(S)

タカ・ハヤブサ類飛翔ハンドブック

山形則男 著, 新書判・96ページ
定価1,540円, 文一総合出版

日本で見られるタカ類, ハヤブサ類の飛翔写真がコンパクトにまとめられている, 渡り観察の現場に持っていくのに便利な図鑑。1996年に「ワシタカ類飛翔ハンドブック」として初版が出て以来, 改訂を重ね, 2016年からは「タカ・ハヤブサ類飛翔ハンドブック」とタイトルも変わっている。改訂のたびに写真が追加されたり差し替えられたりして, 新しい情報が増えている。価格も手ごろ。(S)

ワシタカ・ハヤブサ識別図鑑

真木広造 写真・解説, A5判変型・176ページ
定価2,420円, 平凡社

日本で観察されたことのある35種のタカ類, ハヤブサ類を扱った写真図鑑。海外で撮影された写真も多数使用されている。渡り観察用としては飛翔写真が少ない印象で, 例えばコチョウゲンボウでは掲載写真11点中, 飛翔写真は2点のみ。また類似種との識別ポイントの解説も簡素となっている。紙版は現在品切れだが, 有料の図鑑閲覧サイト「図鑑.jp」(https://i-zukan.jp) で電子書籍が見られる。(K)

※和書の定価は10%税込表記 (2024年9月現在)

BIRDER SPECIAL 日本の渡り鳥観察ガイド

先崎理之・梅垣佑介・小田谷嘉弥・先崎啓究・高木慎介・西沢文吾・原 星一 著, B5判・128ページ
定価3,080円, 文一総合出版

タカ類はもちろん, 水鳥から小鳥まで, 渡り鳥全般の観察ガイド。「海岸」「農地」「都市公園」といった環境別に渡り鳥探しのポイントを紹介するなど, バードウォッチングの基本テクニックが詳しく解説されている。「ワシタカ類」「シギ・チドリ類」など分類別の観察スポット紹介では, 日本全国の計120か所の探鳥地情報を掲載。特に珍鳥を見つけたいバーダーに有用。(K)

日本のタカ学：生態と保全

樋口広芳 編, A5判・364ページ
定価5,500円, 東京大学出版会

読み物というにはちょっと堅い内容だが, 日本のタカ類に関するさまざまな研究をまとめた1冊。渡りの章では衛星追跡による研究のほか, カウント調査などの目視調査で得られた知見も紹介され, オオワシやオジロワシの渡り, ケアシノスリの「侵入」も取り上げられている。繁殖期のサシバやハチクマなど, 渡るタカの生態の章もあるので, タカのことをより詳しく知りたい人にはおすすめ。(S)

鳥の渡り生態学

樋口広芳 編, A5判・340ページ
定価6,050円, 東京大学出版会

「日本のタカ学」同様, 渡り鳥のさまざまな研究をまとめた本。タカがテーマのものでは, 衛星追跡を用いたノスリ, サシバ, ハチクマの渡り経路についての章と, 目視によるカウント調査の成果を紹介した章がある。ほかにレーダー調査や気象との関連, 生理機能など, 内容は幅広い。(S)

タカの渡り観察ガイドブック

信州ワシタカ類渡り調査研究グループ 編, A5判・152ページ
定価1,980円, 文一総合出版

BIRDER SPECIAL タカの渡りを楽しむ本

久野公啓 文・写真, B5判・112ページ
定価2,640円, 文一総合出版

本書の前身ともいえる2冊。識別ガイドのページは, この本から進化して本書に至る。ほかに図鑑部分と読み物という構成。いずれも紙版は品切れだが, 「タカの渡り観察ガイドブック」は有料の図鑑閲覧サイト「図鑑.jp」(https://i-zukan.jp)で電子書籍が読める。(S)

※和書の定価は10%税込表記 (2024年9月現在)

タカは夜も飛ぶ？

秋に福江島から大陸へと渡るハチクマたちは, 途中に島のない海の上を600km以上も飛び続けなければならない。時速60kmで移動しても10時間。よほどの追い風が吹かないとこのスピードは出ないので, 早朝に島を出発しても明るいうちに大陸にたどりつけないケースは多々ありそうだ。となれば, ハチクマは夜間も飛び続ける能力をもつ, と予想していたが, 衛星調査によって記録された位置情報がそれを裏付けた。東シナ海周辺では, サシバやアカハラダカも夜を通して海の上を飛び続けることがわかってきた。アカハラダカであれば, 朝鮮半島から対馬, 九州, 南西諸島を経由すれば安全に移動できるように思えるのだが, そうとは限らない。

おそらく, 東シナ海周辺には, タカたちの移動を助ける上昇気流や追い風が発生しやすい条件がそろっているのだろう。筆者は, 東シナ海上を西へと遠ざかってゆくハチクマに装着された発信機からの電波を, 福江島の大瀬崎で受信した経験がある。その受信システムでは, 発信機のアンテナの角度によって電波の強度が変化するので, タカが旋回をくり返せば, 音の強弱の変化でそれを認識できる。確かに, このハチクマは旋回の繰り返しと滑翔（あるいは搏翔）をとり混ぜながら移動していた。暖流が流れる東シナ海では, タカの体を持ち上げられる強度の上昇気流が, 夜間も発生しているのだろう。

では陸上ではどうか——夜は飛ばない, といい切れるだろうか。ミサゴは搏翔による飛行を長時間続けられるので, 夜の移動も問題なさそうだ。または白くて目立つハイイロチュウヒの雄成鳥が, イヌワシなどの天敵を避けるために夜の移動を選択する, ということはないだろうか？ 夜のタカの渡りについては, まだまだ研究の余地がある。

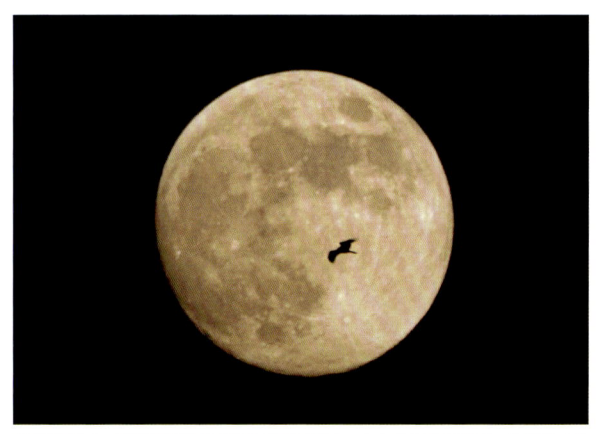

伊良湖岬で, 月面を通過する渡り鳥を撮影中, かなりの高度を西へと移動するトビ3羽が続けてとらえられた。日没から40分後のことで, 空の多くの部分は真っ黒な夜空。西の空にはいくらか青色味が残る時間だった。この岬の西には, トビの集団がねぐらをとる神島があり, この島への移動中だった可能性が高いが, トビが夜間も飛べることに間違いはない　11月 伊良湖岬

夜間に狩りを行うハヤブサ成鳥雌。足には直前に獲った鳥の羽毛と血が付着している。テレビの動物番組では, ニューヨークの街なかで夜に狩りをするハヤブサが紹介されたが, 同じようなハヤブサは世界各地にいるらしい。ハヤブサは夜間も渡る可能性のある鳥のひとつだ。ストロボ撮影　11月 青森県

渡り観察よもやまガイド

渡り観察は気軽に始められる点も大きな魅力。駐車場そのものが観察スポットという場所も少なくないし,渡りの雰囲気は肉眼でも味わえる。とはいえ,双眼鏡一つとっても,「奥が深い」のも確かだ。本稿が渡り観察に初挑戦する皆さんの役に立てば幸いだ。

観察時の服装について

渡り観察地は,比較的アクセスしやすい場所が多く,足まわりも含め,特別な服装は必要ない。ただ,春秋は1日の気温差が大きい時期なので,暑さや寒さに対応しやすいものを選び,うまく調節して快適に過ごしたい。

タカは観察者を警戒し,急に飛行コースを変えることも少なくない。当然,目立つ派手な色合いの服装ではタカに嫌われやすい。タカはともかく,ほかのカメラマンに怒られることもあるので,観察地でド派手な色はNG。また,細かい模様の入った服には別の問題がある。例えば,白地に黒のストライプ柄は最悪で,着ている本人は気にならなくても,周囲の人の目が疲れる。脳は目でとらえた映像から意識すべき対象をピックアップし,そうでないものは無意識にスルーする。脳内ではこの判断処理を常に行っているのだが,どうやら,衣服の細かい模様が視野に入ったときの処理プロセスが,空を飛ぶタカを探すときに似ているらしく,目というより脳に負担がかかるのだ。

また,渡り観察は耳をフルに使う。頭上からツミの声が聞こえたのに,その姿が見つからず,悔しい思いをすることがある。タカではないが,時にはオオマシコのひと声から赤い小鳥を見つけたくもなる。聴覚の邪魔になるものはなるべく身に付けないほうが感度は上がる。筆者の場合,つばのある帽子は音の定位感を損なうので絶対にかぶらない。ど

んなに目差しが強くてもバンダナでしのぐことにしている。防寒用の帽子も,耳を押さえつけないものを選ぶとよい。衣擦れも聴覚に影響するのだが,衣料品店に行っても,特に防寒服と雨具に無音の服がとても少ないのが残念である。

双眼鏡

渡り観察は鳥が移動してゆく様子を楽しむことでもある。遠くから近づいてきた鳥が頭上を通過し,どんどん遠ざかってゆく。彼らのスピード感や空間の広がりを味わうためにも双眼鏡にはこだわろう。渡り観察においても,メインで使う双眼鏡の倍率は8倍と10倍が一般的で,それぞれ一長一短がある。8倍は,対象が大きく見えないが,手ブレが気にならず視野が広い。ピントが深いので,遠近を無調整で見られる点もメリット(レンズの口径が大きくなるとピントは浅くなる)。対物レンズの口径は,30mmか40mmクラスがオススメ。それより小さいモデルは接眼レンズも小さいため,アイポイントが狭くなり,対象をとらえづらい。渡り観察は基本的に明るい場面で行うものなので,30mmでも明るさに不満を感じることはないだろう。

なるべく視野の広い機種が望ましいが,広視界を最優先に設計した製品の中には,周辺視野の歪みがひどいものもあり,双眼鏡を左右に動かしながら風景を見ると中央と周辺では物の形が変化し,頭がクラクラする。ま

た，視野中央と周辺視野でピントがずれるものがあり，カタログスペック上の視野角全体を活用できるとは限らない。最近の双眼鏡は，視野中央の見え味だけなら中級モデルでもバッチリだが，高級モデルとは周辺視野の像の質には差が出る。双眼鏡の視野全体を使いたい渡り観察では，この差は無視できない。

発色や解像感には人それぞれに好みがあるが，同じ機種でも晴れの日と曇りの日で印象が変わる。筆者がメインで使っている双眼鏡を導入したときは，メーカーからデモ機を借りて，手持ちの双眼鏡とさまざまな現場で比較したうえで購入を決めた。

また，双眼鏡にはレンズフードの装着をおすすめしたいが，市販品は少ないので，適当な太さの容器や水道管などを加工して自作することになる。

スコープ（望遠鏡）

望遠鏡もぜひ，装備に加えてほしい機材だ。虹彩の色や換羽の状態を確認するときや，双眼鏡では見えないような遠距離の鷹柱を見つけるときに使う。近ごろの製品は高価なものが多いが，旧型でも機能的には十分な

ので，手ごろな中古品を入手してもよい。

雲台は必ずビデオ用を使用するが，その品質によって見え味は大きく変わる。しかし，高品質のものは驚くほど高価だ。また，三脚は，真上を飛ぶタカも見たいので，やや高めにセットする。センターポールにエレベーター機能があるものがベストだ。

三脚と雲台にはブレの発生源がいくつかあるので対策する。三脚の伸縮部の固定方式は，レバー式とナット式の2タイプあるが，ナット式のほうが安定性は高い。ナット式の場合も，パイプ（脚）を最長にまで引き伸ばしたときよりも，20mmほど縮めた状態のほうが安定する。脚の先端のゴム（石突）が柔らかすぎると，これがブレの原因となることもある。この部分の改善も検討すべきポイントである。雲台のパンハンドルのたわみも見え味を損なう。雲台に付属のパンハンドルは，スコープで使用するには長すぎることが多く，これを短いものに交換するだけで，一気に見え味がよくなる場合もあるので試してみよう。パンハンドルの付け根や中間部を手で持って雲台を動かしてみれば，ベストな長さがわかるはずだ。

スコープの視野に飛んでいるタカをスムー

双眼鏡をカスタマイズする

写真は筆者の双眼鏡で，左がメインで使うコーワ「GENESIS 33（8×33）」，右はサブ機のニコン「MONARCH 7 8×30」だ。上級機である前者と，中級機の後者との価格差は4倍ほど。後者はまっすぐなはずの電柱が視野の端でぐにゃりと曲がり，ピントがずれるが，前者は周辺視野まで見え味が良好だ。

自作フードの有効長はどちらも25mm。これで対物レンズの汚れはほとんど防止できる。また，滑り止めのゴムを巻きつけることで，手に持ったときの感触も改善した。

接眼レンズのキャップも自作。片手で扱えるので，左右が独立した付属キャップより着脱がスピーディーに行える。これは伸縮性のある布を型に巻きつけ，エポキシ接着剤で固めて作る。ストラップの端は接眼レンズを傷つけることがあるので，末端を内側に挟み込むスタイルを採用している。

ズにとらえるにはちょっとしたコツが必要なので,まずは飛行機などで練習するとよい。スコープにカバー（ステイオンケース）を取り付けていると,微妙な角度の読み違いが発生し,タカの捕捉に失敗する。カバーを外すだけで成功率がアップすることもあるのでお試しあれ。

図　鑑

　渡り観察では想定外の鳥に遭遇することがある。内陸部に海鳥が現れたりもするので,掲載種数の多い図鑑を1冊,持って行こう。おすすめは『フィールドガイド日本の野鳥』（高野伸二著 日本野鳥の会）。イラストがほかの図鑑と比べて見劣りするかもしれないが,それもそのはず,描いているのは絵の専門家ではない。鳥の識別のパイオニアである著者本人が描いており,一見,下手に見えるイラストは,体形や姿勢など,見事に識別上の特徴を捉えている。プロのうまい絵が載った図鑑よりも実用性は優れているのだ。初版から40年以上が経過した図鑑だが,

筆者はまだこれを超えるものと出会っていない。

天候を読む

　渡り鳥は,それぞれの種によって移動する時期がおおむね決まっている。どの日にたくさん通過するのかを左右するのは天候だ。秋のサシバとハチクマは,2週間程度のうちに大半の個体が通過してゆくので,比較的,当たり日を予想しやすい。狙いたいのは雨の上がった2日目だ。大陸側から高気圧が張り出してきて,一気に気温が下がった晴天には,タカがどっと渡ってゆくだろう。

　一方,個体数が増えつつあるノスリだが,その渡り予測は難しい。移動期間がサシバなどより長く,年によっては顕著なピークがないままシーズンが終わってしまう。北日本の気温が急に下がったタイミングで,多くのノスリが移動を始めたケースもあるが,寒くなっても期待したほどの動きが見られないこともある。津軽海峡を通過したノスリが東北地方で停滞してしまい,それより先にはなかなか進ま

双眼スコープを使用中の筆者。風の強い観察地では三脚の転倒には十分注意したい。各脚に砂袋をしばりつけて転倒を防いでいる。パンハンドルを対物レンズ側に向けると上方を見やすくなる。ハンドルの付け根付近を持って操作している点にも注目してほしい　龍飛崎　3月

待望の秋晴れ。サシバとハチクマが群れ飛ぶ。渡りはやっぱり青空がよく似合う　白樺峠　9月15日

ノスリは通過の時間帯を予測するのも難しい。夕方,薄暗い時間帯になってもノスリの流れが途切れないこともある　白樺峠　2023年10月31日16:45

いこともあるようだ。
　観察地に出かけられないときも,天気図を眺めながらタカの動きを予想し,調査結果の速報で答え合わせ,という遊びも楽しいものだ。

渡り観察で出会う鳥たち

群れの迫力

ふだんは単独で暮らす鳥も,
しばしば集団で移動してゆく。
群れ飛ぶ鳥たちは
渡り観察の醍醐味だ。

❶ミヤマガラス。1,000羽を超える群れも珍しくない。ほかの個体の後についていく習性があるため, 時折, ぐるぐると渦を巻く　3月 龍飛崎 (以下, 地名表記のないものは同地で撮影)
❷アトリ。こちらは数十万という単位で川のように流れることがある 10月 白樺峠
❸ヒヨドリ。春も秋も各地で渡りが見られる。海上を移動するときは, 高密度に集結して海面すれすれを飛んでゆく。そこにハヤブサやカモメ類が襲いかかる 4月

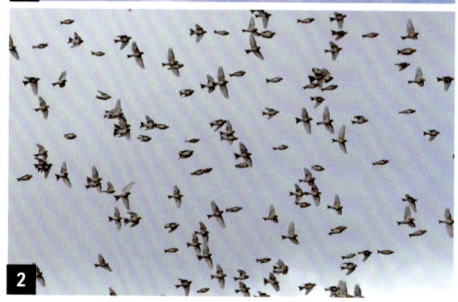

赤い小鳥

❶イスカ。「侵入」の性質をもち，年による飛来数の変動が大きい。近年は当たり年が増えてきた　4月
❷ベニマシコ。春の移動時期には，越冬期よりも鮮やかな装いの個体が見られる　4月
❸ベニヒワ。本種も年によって飛来数が変動する。飛翔中，特徴的な鳴き声を出すので見つけやすい　11月
❹オオマシコ。こちらも声を頼りに姿を探すことの多い鳥　5月

大形の水鳥

**北日本では
ハクチョウやガン類の渡りに期待。
九州では
ツルの渡りを観察できるかも。**

❶マガンとハクガンの混群。ガン類
の中ではハクガンとシジュウカラガン
の個体数増加がめざましい。大形の
水鳥は鳴き交わしながら渡ってゆくの
で、耳でも楽しめる　3月
❷コハクチョウ。渡ってゆく姿には，
越冬中にはない緊張感が漂う　4月
❸隊列を組んで渡るコハクチョウ。移
動時に見せる群れの形の美しさも魅力
の一つだ　4月

見つけてうれしい鳥たち

❶エナガとシマエナガの混群。シマエナガは，少数が北海道から本州へと渡り越冬する。2亜種が一緒に見られるのは渡り観察ならでは　3月

❷ギンムクドリ。ムクドリの群れの中に見つかることもある。飛ぶと翼の白斑が目立つ　4月

❸ナキイスカ。本種の記録はイスカの当たり年に多い　4月

❹ノゴマ。じっくり姿を見せてくれないやぶの鳥　5月

❺ミヤマホオジロ。春に見かける本種は図鑑よりも色鮮やか　4月

❻ヤツガシラ。渡り観察のアイドル的存在　4月

海鳥にも珍客あり

海に近い観察ポイントでは，
想定外の鳥と遭遇することがある。
台風など，大荒れの直後は
要注意。

❶ハシジロアビ。海から遠い白樺峠でも観察例がある　5月
❷コグンカンドリ。太平洋沿岸の観察地で比較的記録が多い　10月　伊良湖岬
❸エトロフウミスズメ。体調不良のためか，数日間漁港に滞在していた個体。人を怖がらなかった　4月
❹ハイイロヒレアシシギとアカエリヒレアシシギの混群。通常は沖合を移動する鳥が，強風の影響で岸近くに現れることがある　5月

これはオススメ！タカの渡りを見るならこの道具

渡るタカの撮影ガイド PART1
〜静止画編〜

飛んでいるタカは魅力的な被写体だ。人気の渡り観察地は人気の撮影スポットでもあり、多くのカメラマンが訪れる。カメラの性能アップによって、誰もが飛翔中のタカを狙えるようになってきたとはいえ、失敗なく、イメージ通りの写真を撮るには、それなりの準備や技が必要だ。筆者自身もまだまだ修行中だが、お役立ち情報をトピックス的に紹介しよう。

筆者の撮影スタイル

筆者のメインの活動は、タカの渡りのカウント調査だ。調査道具の一部としてカメラを扱うが、三脚と雲台は所有する最上位のものをカメラではなく、スコープに使う。それでも、調査中に撮影したタカの画像を雑誌やレクチャーで使う機会は少なくない。きれいな写真を撮りたいのは山々である。

筆者が渡り観察地で過ごす日数は、例年、春と秋のシーズンを合わせて120日近くになり、撮影枚数もかなりのものだ。動画も含め、画像処理に費やすエネルギーを節約したいので、静止画はすべて JPEG で記録する。

渡り調査では、AF（オートフォーカス）が作動しないような遠く小さいタカも、記録写真として撮影したい。カメラの AF 性能はどんどん上がっているが、狙ったタカにピントを合わせてくれないことが皆無、とはいえない。そこで、AF モードの切り替え（全面 AF ⇔ 中央1点 AF ⇔ MF）を、最も扱いやすいボタンに登録している。

おすすめ機材

タカの渡り撮影に使うカメラとしては、「ミラーレス一眼＋600mm クラスのズームレンズ」というセットをおすすめしたい。数年前までは、単焦点の大砲レンズによる撮影が主流だったが、大きなレンズを使うメリットは徐々に縮小している。ズームレンズも画質が向上し、AF スピードも問題ない。取り回しのよいレンズなら不意に現れたタカにも対応しやすく、大きなレンズよりも成績がよい。ズームアウトすれば、そのまま鷹柱の全景を画面に収められるメリットも大きい。

個人的にはこのセットに加え、標準系レンズを装着したカメラもぜひ用意してほしい。スマホのカメラもフル活用しよう。経験上、「もっと撮っておけばよかった」と思うのはいつもスナップ写真だ。タカの写真は撮り直しが効くものが多く、同じような画像がどんどん蓄積されてゆく。一方、スナップ写真には二度と出会えない光景が記録されている。観察地の何気ない風景や同行した仲間たち、愛用の機材やお弁当。そんな日常の映像は、時間とともに価値を増してゆく。

最大の敵は「大気の揺らぎ」

タカを撮影するうえで、思い通りに撮れない最大の要因が大気の揺らぎだ。これは暖かい空気と冷たい空気の境界で光が直進性を失い、像がぼやけてしまう現象で、晴れた日中は多少なりとも発生し、ひどいときは立っ

筆者の渡り観察用カメラセット（2024年春時点）。キヤノン EOS R7にアダプターを介して100-400mmレンズを装着。自作オプションパーツを各所に装着。①太陽熱やキズを防ぐフードの布カバー。②動画も撮影するのでガンマイクは必需品。③ホールド性が格段にアップする肩当て。④通常，グリップを上側に向けて地面に置くので，マイク端子を保護する金具が必要。⑤動画撮影時は，クイックシューで肩当てを外し，三脚を使用。⑥一本指でのズーム操作を可能にするズームレバー

ている自分の足元までもゆらゆらと揺らいで見える。揺らぎのあるコンディションでは，何を撮ってもピンボケ写真になってしまい，特に超望遠レンズでの撮影は致命的だ。これを避けるのはたいへん難しいが，例えばアスファルト舗装された路面の輻射熱（ふくしゃねつ）が揺らぎを発生させている場合なら，立ち位置を変えるだけで画像が改善することがある。タカの撮影ではないが，堤防越しに水鳥を撮影したとき，レンズの先端を堤防の手前側にセットするか，堤防の向こう側にセットするかで画質がまったく違った経験がある。このときは，太陽光で暖められた堤防が揺らぎを発生させていたのだ。

　動画をコマ送りで再生していると，ピンボケ画像が続く中，数十コマに１つ，という割合でシャープな画像が見つかることもある。揺らぎは急に発生することもあれば，急に解消することもあり，撮影する方向によって影響の

レベルがまったく異なる場合もある。「無駄撃ち」とわかっていても，まずはシャッターを押しておくのが最良の対処法かもしれない。

ローリングシャッター歪みの問題

　ミラーレスカメラでの撮影は，電子シャッターによる「ローリングシャッター歪（ゆが）み」に注意したい。これは，光情報を読み込む際，センサーの上部と下部とで時間差が生じることで現れる画像の歪みのこと。カメラの進化によって徐々に解消されてゆくはずだが，本書を執筆している2024年の時点では，一部の上位機種以外，この問題をクリアできていない。

　基本的に，動きの遅い被写体ならば問題ない。頭上を旋回するタカはもちろん，横方向に飛ぶタカも，そこそこの距離があれば気にならないレベルだ。一方，歪みがひどくな

るのは近距離を横方向に飛ぶタカを流し撮りしたとき。タカの形は正常に撮れても, 背景に歪みが現れる。人工物が背後にあるとその歪みがたいへん目立つ。また, 至近距離を飛ぶタカが目の前ですばやく動けばタカの形にも歪みが生じる。

　筆者の現在のメインのカメラはキヤノンの「EOS R7」だが, ゆがみは出る。電子先幕シャッターで撮影すれば問題ないが, この設定だとシャッター音がうるさいのと, ファインダー像の消失により飛んでいる鳥を追いづらい。そこで, ふだんは電子シャッターで撮影しながら, 必要に応じて電子先幕に切り替えている。R7では, シャッター方式の異なる

キクイタダキの飛び立ちはこんなにゆがんでしまう。動きの速い小鳥を撮るとき, 電子シャッターはリスクが大きい

設定をカスタムモードに登録しておけば, 切り替えは最少の操作で済む。遠いノスリなどは電子シャッターで撮影し, ハイタカが近くに来そうなときはモードダイヤルを回してシャッター方式を切り替える, という撮り方だ。

ピクチャースタイルの設定

　飛んでいるタカは, しばしば特殊なシチュエーションでの撮影となる。真っ白い雲を背景に飛ぶ, ゴマ粒のように小さいタカを撮影——これは, カメラメーカーにとって想定外の使い方だろう。こうした撮影で最良の画像を得るにはチェックすべき設定がある。それは「ピクチャースタイル (キヤノン)」,「ピクチャープロファイル (ソニー)」,「ピクチャーコントロール (ニコン)」,「ピクチャーモード (OM SYSTEM [旧オリンパス])」などと名づけられた項目だ。これは JPEG 記録をする際にカメラ内で行われる画像処理の「味付け」を決めるもの。出荷状態のカメラ設定では, 白雲バックの小さなタカを撮るにはこの味付けが強すぎることが多い。タカの周囲に白やグレーの縁取りやブロック群が生成されてしまうのだ。これは解像感をアップさせるための処理の一つで, 一般的な写真であれば問題ない。ところが, タカの場合はこ

斜め方向に近づいてくるハイタカ。タカの形に違和感はないが, 背景の建物が歪んでいる

ハイタカが目の前で反転。急な動きにより歪みが発生した。複雑に変形しているので, 修正はかなり難しい

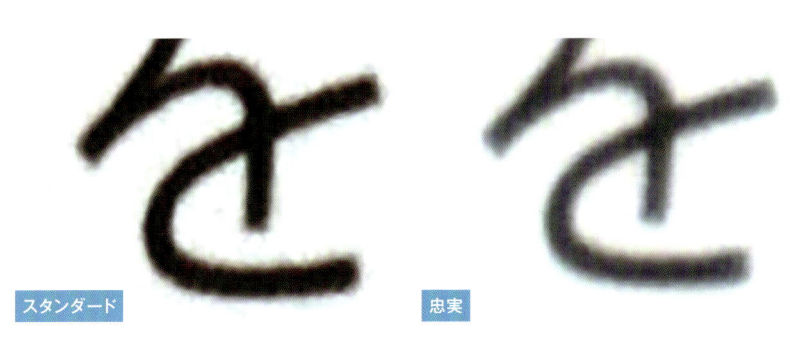

スタンダード　　　　　　　　　　　　　忠実

キヤノン EOS R7のピクチャースタイルの撮り比べの例。「忠実設定」（右）は
シャープネスとコントラストをさらに弱く設定しての撮影。「スタンダード」（左）
は，文字が黒々と写り，その周りをブロック状の白やグレーの画素が取り囲んでい
る。処理によって文字の線が部分的に太くなっているが，この程度なら許容範囲だ
ろう。「忠実設定」の画像も，ひと手間かければ文字を黒々と表現できるので，こち
らのほうが再現性の高い画像といえる

オオワシ成鳥がどんどん接近してくる。最新機種なら自動で瞳を検出し，楽々ピントを合わせ続けてくれるシーンだ。純
白部をもつタカは，直射日光が当たると「白飛び」しやすいので要注意。この写真も露出オーバー気味　3月 宗谷岬

の縁取りによって本来，記録されるべき微妙
な情報が消失してしまう。
　筆者は，新しいカメラを導入したときには，
白地に黒い文字が印刷されたものを日なた
に置き，設定を変えながら撮影。その画像を
比較してピクチャースタイルを決めるようにし
ている。方向としては，落ち着いた色合いで

ソフトな雰囲気の仕上がりを目指すことにな
るだろう。通常よりシャープネスとコントラスト
を弱めて撮影したほうが，後の画像処理の
幅が広がり，さまざまな加工がしやすい。ゆ
るい感じの画像をシャープに仕上げるのは簡
単だが，カリカリに仕上げられた画像をソフト
な雰囲気に変えるのは，たいへん難しい。

渡るタカの撮影ガイド PART2
〜動画編〜

タカの渡りを動画で記録したい,と思うホークウォッチャーは少なくないはず。筆者はタカのカウント調査をしながら,「まだ見たことのない人にこの光景のすばらしさを伝えたい」と思うようになり,動画撮影を始めた。ここでは筆者が撮影中に心がけているポイントをいくつか紹介しよう。

素材は短く

　動画を撮影してみると,タカの渡りは意外に展開の遅いイベントであることに気づく。無意識にカメラを回していると,変化の乏しい長尺のショットがどうしても多くなる。一般の人に見てもらう動画は,テンポよく場面を切り替える必要があるので,長々と続くファイルは編集時に大半が無駄になる。筆者の場合,長くても10秒程度で画面を切り替えることを基本方針に編集を進める。そこで撮影時には,そこに少し余裕をもたせた15秒程度で録画を切ることが多い。例えば旋回するタカを撮影するときは,タカが4回転したら,一旦,カメラで追うのを止めて,タカがフレームアウトしたら録画を停止。すぐに画角を変えて撮影を再開,4回転でまた停止,という具合だ。

　遠くから接近してくるタカの動きを表現するには,至近距離を通過するものを標準系の短いレンズで狙う。望遠レンズで撮影した遠いタカは,10秒間飛んでも画面上のタカのサイズはあまり変化しないので,この秒数では近づいてくることが伝わりにくい。すぐ近くへと向かってくるタカを標準レンズで撮れば遠近感が強調され,ぐんぐん近づいてくる様子を短尺で表現できる。

基本はフィックス

　映像表現の中でしばしば使われるズームやパンチルトは動画ならではのテクニックだ。うまくいけば大きな効果が得られる反面,失敗すると,ひどく安っぽいものへと転落する。渡り動画でもそのダイナミックさを表現するのに活用したいのだが,トライしてみるとけっこう難しい。タカたちは,なかなかイメージ通りに動いてくれないからだ。

　結局,筆者はフィックス撮影,つまり録画をスタートしたらカメラを動かさない,という撮り方を多用している。画面に動きが欲しいときは,編集時に擬似ズームアップや擬似パン操作を加えればよい。4K収録した素材なら,無理をしなければ画質の劣化が気にならない程度に仕上がる。編集時の作業なので,最良の効果が得られるまで何度もトライできるのがとてもよい。

アップを狙わない

　タカに限らず,生物を撮るときはついアップを狙いたくなる。ところが,飛んでいるタカの動画には,アップのよさがなかなか出ない。望遠撮影ではタカのスピード感や移動してゆく雰囲気を表現できないのだ。雲やきれいな山並みをバックに飛んでいても,アップ映像の背景は早く流れすぎる。がんばって大写

しにした映像も, 再生してみればブレがひどくてがっかりする。時空の広がりが伝わるようなタカの飛翔は, 100mmか200mm程度の短いレンズで, 近くを飛ぶタカをやや小さく撮るのがベスト。タカの鋭い顔つきをアップで見せたいときは静止画を使えばよい。静止画とはいえ, 編集ソフトで擬似ズームやパンチルトの動作を加えられるのでこれを活用すれば画面に動きをもたせられる。

一方, タカの飛翔はスロー映像との相性がよい。羽ばたいているタカをスローで再生すると, 翼のしなり具合がよくわかり, タカの力強さをうまく表現できる。こちらはそこそこのアップで撮ると魅力が伝わりやすい。筆者は, 通常撮影とスロー撮影を瞬時に切り替えられるよう, カメラの設定を工夫している。

「久野公啓」のチャンネル名でYouTubeに動画を公開。白樺峠の渡りを紹介するシリーズは, 2024年現在, 10本ほど。こちらはフィクス撮影した動画を加工して, タカの動きの航跡を映像化したもの。再生時間2分40秒

こちらではハチクマを特集。渡りだけでなく採食シーンもある。また, トピックス的にスライドショーで識別ポイントや渡り調査の結果なども紹介している。再生時間4分01秒

ハチクマとツキノワグマが登場する, このチャンネル最大のヒット作。投稿からの1年で, 200万回近く再生された。再生時間10分12秒

厳選

HAWK WATCHING MANUAL

タカの渡り
観察地ガイド

日本各地の観察スポットでタカのカウント調査が実施されている。その最新結果を一覧できるのが「タカの渡り全国ネットワーク」のホームページだ。「今シーズンのリアルタイム情報」で毎日の渡り情報を得られるだけでなく、「過去の記録」では過去の調査結果も参照できる。掲載地点数は春：15地点，秋：50地点（2023年）。まさに日本中を網羅する充実度だ。これらの観察スポットの中から，初心者にも訪れやすい場所を地域ごとに厳選して紹介しよう。

●タカの渡り全国ネットワークのホームページ

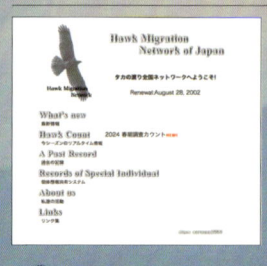

写真：上昇してくるハチクマの集団（9月 白樺峠）

【本書で紹介する観察スポットの概要】

	観察地名		季節	観察適期	主なタカのシーズン概数（羽）	期待最多数（羽／日）
①	宗谷岬	北海道稚内市	春	3月上旬～5月上旬	オオワシ（8,000），オジロワシ（2,500），ノスリ（9,000）	2,000
			秋	10月上旬～11月中旬	オオワシ（7,000），オジロワシ（600），ノスリ（10,000）	3,000
②	絵鞆半島	北海道室蘭市	春	3月下旬～5月中旬	ノスリ（500），ハチクマ（100），ハイタカ（100）	300
			秋	10月中旬～下旬	ノスリ（3,500），ハチクマ（200），ハイタカ（500）	1,500
③	龍飛崎	青森県外が浜町	春	3月下旬～5月上旬	ノスリ（4,000），ハイタカ（700）	1,500
			秋	9月中旬～10月下旬	ノスリ（7,000），ハチクマ（900），ハイタカ（700）	2,000
④	平和公園	秋田県秋田市	秋	9月中旬～11月中旬	ノスリ（3,500），ハチクマ（400），ツミ（1,000）	1,000
⑤	白樺峠	長野県松本市	秋	9月中旬～10月下旬	サシバ（8,500），ハチクマ（2,500），ノスリ（5,000），ツミ（1,500）	5,000
⑥	梅の公園	東京都青梅市	秋	9月下旬～10月上旬	サシバ（1,500）	500
⑦	武山	神奈川県横須賀市	秋	9月下旬～11月上旬	サシバ（700），ハチクマ（100）	300
⑧	金華山	岐阜県岐阜市	春	3月上旬～4月中旬	サシバ（100），ノスリ（200）	200
			秋	9月中旬～11月上旬	サシバ（1,500），ハチクマ（600），ノスリ（3,000），ツミ（400）	1,000
⑨	伊良湖岬	愛知県田原市	秋	9月下旬～11月中旬	サシバ（3,000），ハチクマ（400），ノスリ（1,000），ハイタカ（1,000）	1,500
⑩	萩谷総合公園	大阪府高槻市	秋	9月中旬～10月下旬	サシバ（2,500），ハチクマ（700），ノスリ（2,000）	1,000
⑪	5万人の森公園	奈良県五條市	春	3月上旬～4月下旬	サシバ（1,000），ノスリ（100）	1,000
			秋	9月下旬～10月中旬	サシバ（6,000），ハチクマ（200），ノスリ（200）	2,000
⑫	角島	山口県下関市	春	3月上旬～4月下旬	ハイタカ（3,500）サシバ（100）	500
⑬	関門海峡	福岡県北九州市	秋	9月中旬～11月上旬	ハチクマ（7,500），ノスリ（100），ハイタカ（1,000）	2,500
⑭	鳴門山展望台	徳島県鳴門市	春	3月上旬～5月上旬	サシバ（800），ハチクマ（100），ノスリ（2,000），ハイタカ（500）	400
				9月中旬～11月上旬	サシバ（2,000），ハチクマ（200），ノスリ（1,000），ハイタカ（300）	2,000
⑮	高茂岬	愛媛県愛南町	秋	9月下旬～10月中旬	サシバ（4,500），ハチクマ（200）	2,500
⑯	対馬内山峠	長崎県対馬市	秋	9月上旬～下旬	アカハラダカ（70,000）	40,000
⑰	大瀬山	長崎県五島市	秋	9月中旬～10月上旬	ハチクマ（15,000）	4,000
⑱	烏帽子岳	長崎県佐世保市	秋	9月上旬～下旬	アカハラダカ（15,000），ハチクマ（1,500）	10,000
⑲	金御岳	宮崎県都城市	秋	9月下旬～10月中旬	サシバ（20,000）	4,000

作表協力◎タカの渡り全国ネットワーク

① 宗谷岬

【北海道稚内市】そうやみさき 文・写真◎末田晃太

～サハリンを望む最北の地で
くり広げられる圧巻の渡り～

観光地として有名な宗谷岬だが, 春秋ともに大規模なタカの渡りが見られる名スポットでもある。岬の先端は宗谷岬公園として整備され, 敷地内のどこからでも渡るタカを観察できる。晴れた日にはサハリンが望め, 秋は沖からタカの流れが続く。上の駐車場からは宗谷丘陵を見渡せ, 春は丘の向こうから次々とタカたちがやってくる。特にオオワシ, オジロワシの渡りは圧巻で, 頭上を数百羽のワシが渡る光景は一生忘れられない思い出になるだろう。

❸宗谷岬公園は観光客が多く, 大型の観光バスも出入りするので, 駐車場で観察する際は注意。ワシの時期は氷点下での観察になることも多く, 風のある日はさらに体感温度が下がる。防寒対策は万全に。さらに11～4月は路面の凍結やホワイトアウトの恐れがある。車利用の際は無理のない行動を心がけたい。

❶宗谷岬公園。「日本最北端の地の碑」が立つ
❷海をバックに飛ぶオオワシ。後ろに見えるサハリンまでは43km, タカたちにとっては1時間ほどの海の旅だ
❸フルマカモメを捕らえたオジロワシ。岬周辺にはオジロワシが周年生息し, タカが渡らない日も楽しませてくれる

アクセス：JR稚内駅からバス（天北宗谷線）で50分, 「宗谷岬」下車。車は豊富バイパス「豊富北IC」から50分。稚内空港からは車で30分
駐車場・トイレ：岬周辺に100台以上駐車可能, 公衆トイレが3か所
徒歩移動：なし
宿泊施設：岬周辺に民宿が数軒（冬季休業あり）, 稚内市街にはホテルや旅館多数
主な時期：3, 11月→オオワシ, オジロワシ（1日500羽）
　　　　　4, 10月→ノスリ（1日1,000羽）
観察会：なし

4

5

❹頭上で旋回するオオワシの大集団。1羽1羽が大きく, 大迫力の
光景。この日(2023年11月2日)は過去最多1,612羽が渡った
❺旋回するノスリとケアシノスリ(左上)。海を渡るノスリの勢いは
すさまじく, 1時間で1,000羽以上が渡ることもある

見どころ

▶**オオワシの鷲柱 (3月, 11月上～中旬)**
当地の代名詞ともいえるオオワシの渡り。多い日
には1,000羽近くが渡り, 真上で群れが旋回する
ことも。春は晴天, 秋は弱風か北風の日を狙うとよ
い。ワシと一緒にノスリやハイタカ属などさまざま
な組み合わせのタカが見られるのもおもしろい。

▶**海を渡るノスリ (4月, 10月)**
当地のもう一つの主役はノスリ。シーズンで1万羽
以上が渡り, 春秋ともに1日1,000羽を超える日が
複数日ある。群れの中にケアシノスリを探すのもこ
こならではの楽しみだ。

サテライトスポット

国道沿いの駐車帯
岬先端から国道238号線を東に進むと, およそ3kmと6km
地点にそれぞれ駐車帯が設けてある。西風の強い日, タカは
風下に当たるこちら側を多く通過する。風向きに合わせて見
る場所を変えることが, より多くのタカを観察するコツだ。ス
ピードを出す車が多いので, 車道からは十分に距離をとって
観察したい。

② 絵鞆半島

【北海道室蘭市】えともはんとう 文・写真◎小野 実（室蘭タカの渡り調査研究グループ）

～道内を移動する
タカを半島から観察～

絵鞆半島は，道央～道南を渡るワシタカ類を観察できる道内屈指のポイント。半島内に点在するポイントは主に「❶測量山」「❷祝津公園」「❸地球岬」「❹マスイチ」の4か所（地図参照）で，季節や風向きによって異なる渡りを楽しめる。シーズンを通してまとまった数のノスリやハイタカ属を観察できるのが当地の魅力の一つだ。お気に入りのポイントを見つけて北海道らしいタカの渡りを堪能してほしい。

見どころ

▶ ノスリの鷹柱（3月，11月上～中旬）

当地で最も多く個体が通過するのがノスリ。2023年秋期は7,000個体を記録した。例年10月20日以降に最大のピークが到来し，1日で1,000羽を超えるノスリが観察できる。ノスリの模様は個体差があるので，1個体1個体じっくり観察すると楽しみもより深まる。またこの時期はハイタカ，オオタカ，チュウヒなども観察できる。

注 どのポイントも地元民や一般観光客が多く訪れる。駐車場や観察場所が混んでいるときは他の利用者に迷惑がかからないよう，節度ある観察を心がけたい。

❶ 4月の測量山から対岸の駒ヶ岳を望む
❷ 当地で見られたノスリの鷹柱。この日はノスリ1,322個体のほか，ハイタカ属，チュウヒなど計1,542個体が観察された（2023年10月29日）

アクセス：道央自動車道「室蘭 IC」から各ポイントまで15～25分

駐車場・トイレ：駐車場は測量山とマスイチは狭く不足気味で，祝津公園と地球岬は広い。トイレは測量山と祝津公園だと徒歩10分以上，地球岬とマスイチは徒歩1分程度。11～5月はトイレが閉鎖されている場合があるので注意

宿泊施設：室蘭市内に多数。ただし近年は混雑気味なので注意

主な時期：3月下旬～4月下旬→ノスリ，ハイタカ，オジロワシ
5月中～下旬と9月上～下旬→ハチクマ，ツミ
10月上～下旬→ノスリ，ツミ，ハイタカ，オオタカ

観察会：日本野鳥の会室蘭支部や北海道野鳥愛護会による観察会が実施されている

増えたタカ，減ったタカ

日本におけるタカの渡りのカウント調査は，1973年に宮古諸島，1974年に伊良湖岬で始まった。両地点ともにサシバを主役とする観察地だが，そのサシバの減少傾向が続いている。

図1は，宮古諸島で実施されている秋のサシバの飛来数調査の結果だ。沖縄島などを出発したサシバの多くが，夕方，当地に降り立ってリュウキュウマツの林などで休息し，翌日の朝，また南下を再開する。そのカウント数は1973年から2020年までの48年間で4分の1ほどにまで減少している。この地域を通過するサシバの総数の変化に加え，サシバたちが休息に使える森林の面積が減少したことも，島への飛来数に影響しているらしい。伊良湖岬の調査結果にも宮古諸島と同様の傾向が現れている。

一方，白樺峠でのカウント数には減少傾向が見られない（図2）。その要因は明らかにされていないが，筆者は以下の仮説を立てている。「サシバは繁殖期が終了した後，秋の渡りを始めるまでに2か月ほどの期間があるのだが，その間の生息域が変化しているのではないか」というものだ。例えば，関東地方で繁殖を終えたサシバが，暑さや乾燥を避けるために北へと移動して夏を過ごす。こうしたサシバたちは，秋の渡りで伊良湖岬を通らず，白樺峠付近を通過する可能性が高まる。これが，伊良湖岬と白樺峠との個体数動向の違いの要因の一つではないだろうか。

サシバの減少とは逆に，ノスリの個体数には増加傾向が見える。白樺峠では，1990年代半ばには1,000羽程度だったカウント数が，2021年ごろには5,000羽にまで増えている（図2）。こうした傾向は各地の渡り観察地で見られるが，なぜ，こんなに増加しているのかはわかっていない。

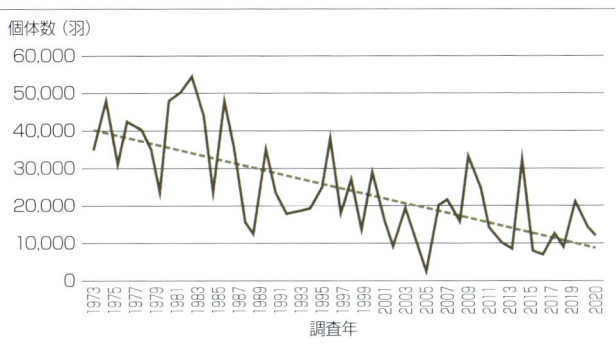

図1　宮古諸島におけるサシバのカウント数の推移
宮古諸島におけるサシバの年別飛来数（1973〜2020年）。年による変動が大きいが，徐々に減少していることがよくわかる。2000年代半ばからは減少ペースがやや落ち着いているようにも見える（「国際サシバサミット2021宮古島」オンラインプログラムより改変。調査：宮古野鳥の会・沖縄県自然保護課）

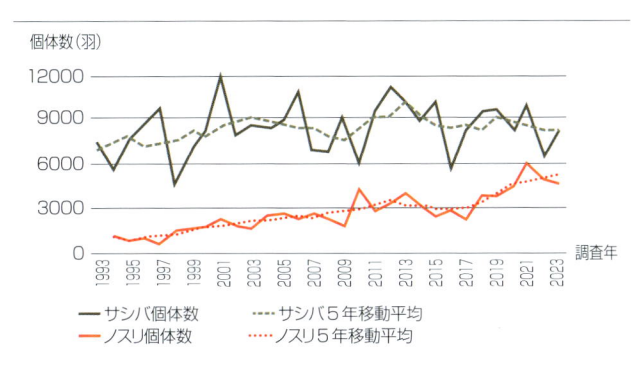

図2　白樺峠におけるサシバとノスリのカウント数の推移
白樺峠におけるサシバ（1993〜2023年）とノスリ（1994〜2023年）の年別飛来数の推移と5年移動平均。サシバには減少傾向が見られない。個体数変動は，タカを捕捉する技術など，調査のスキルアップを考慮すれば，ほぼ横ばいといえるレベルで，宮古諸島とは様相が大きく異なる。ノスリは各地の観察地で増加傾向が著しい。その通過シーズンをカバーしようと，近年，調査期間を延長した地点も多い（調査：信州ワシタカ類渡り調査研究グループ）

③ 龍飛崎

【青森県東津軽郡外ヶ浜町】 たっぴざき 文・写真／原 星一

～津軽海峡を挟み，
北海道と本州を往来するタカを見物～

津軽半島最北端に位置する，北海道方向に突き出た岬。危険な海上を渡る距離をなるべく短くしたい渡り鳥がこの付近を通過し，春秋ともタカをはじめさまざまな鳥の渡りが観察できる。観察地は海辺だが標高約110mの崖上にあり，しばしば海を背景に渡るタカを見下ろすことになる。秋は北海道方向から海峡を南下するタカを出迎え，春は逆に北上するタカを見送る形となり，春秋それぞれに違った楽しみがある。

ⓘ冷たい風が強く吹く日が多いが，晴天時は日差しがきつく，寒暖差が大きい。防寒や日焼けなどの対策を万全に。最も見晴らしがよい高台は10人程度利用できるが，観光客が多いため，混雑時には灯台付近に移動するなど配慮が必要。観光客向けの売店や食堂はあるが，最寄りのコンビニまでは車で約20分。

❶龍飛崎の高台
❷9月は種数・通過数ともに多くはないが，ハチクマが多く観察できる季節。高度が低いときは津軽海峡の海をバックに向かってくるので迫力がある
❸頭上にできたノスリの柱。ピーク時期の多い日には1,000〜2,000羽以上がカウントされる　10月

龍飛埼灯台（観察地）
339

アクセス：JR三厩駅からバス（外ヶ浜町町営バス）があるが，本数が少ないので車がおすすめ。車は青森市，弘前市から2時間程度
駐車場・トイレ：駐車場は行楽シーズンは混雑する。トイレは徒歩5分圏内に複数ある
徒歩移動：駐車場〜観察地まで徒歩2,3分，やや傾斜あり
宿泊施設：近隣にホテルあり（龍飛崎シーサイドパーク，ホテル竜飛）
主な時期：3月下旬〜4月中旬，9月下旬〜10月下旬→ノスリ，ハイタカなど　5月中〜下旬，9月上〜中旬→ハチクマ
観察会：なし

4

5

❹白波が立つほどの強風のため、いったん渡るのをあきらめ、引き返してきたノスリ　3月

❺若いオジロワシが南東の向かい風に抗って力強く羽ばたき、口を開けて疲れた様子で海峡を越えてきた。ハシブトガラスに追われて余計にたいへんだっただろうが、何とかたどり着いて休んでいた　11月

眺瞰台

龍飛崎の南にある山の上の展望台。標高が高く、岬からでは高空になるタカも程よい高さで観察できる。小泊半島～北海道の山や海の眺望がすばらしい。11～4月中旬ごろは冬季閉鎖となり、アクセスできないことに注意。写真は展望台から龍飛崎と、その向こうに見える北海道を見下ろしたところ。

見どころ

▶**たくさんのノスリ（主に3月下旬～4月上旬、10月上～下旬）**
当地で最も数多く観察できるタカはノスリで、春には頭上付近を次々に流れるノスリの川、秋は海上や頭上にノスリ柱が見られる。

▶**行ったり来たりするタカ（春）**
風が強いなどコンディションが悪いと、渡るのを躊躇したり、途中で引き返すタカも多い。こうしたタカが行き来するため、通過数自体は少なくても、各個体をじっくり観察できる場合がある。

▶**海ワシの渡り（3月上～下旬、10月下旬～11月）**
北国らしく海ワシの渡りも観察できる。数は少ないが、巨体ゆえに1羽1羽の存在感が大きい。

④ 平和公園

【秋田県秋田市】へいわこうえん

文◎塚田哲也（日本野鳥の会秋田県支部）　写真◎加藤正敏, 瀬川良晃（日本野鳥の会秋田県支部）

〜市街地の墓地公園で南下するタカを迎える〜

平和公園は JR 秋田駅の北側約2kmにある泉字五庵山（通称：天徳寺山）にある市営墓地公園。70haの敷地内には墓地のほかに公園施設として駐車場や休憩所, トイレなどが整備されており, 観察スペースは公園南端にある北側が開けた小高い芝地にあり, 最大15名程度で観察できる。

見どころ

▶ノスリとツミの渡り（10月）

数は少ないが, 例年9月10日ごろからハチクマの渡りを観察できる。近年は少数だがサシバの渡りも見られるようになった。ハチクマの渡りがいち段落するころから徐々に数が増えてくるのがノスリで10月15〜25日あたりがピークとなり, 最大で700羽／日程度の渡りが見られる。ツミの観察例も多く, シーズン中1,000羽程度が通過する。標高50m 程度の市街地の小高い丘陵での観察なので, タカが高空を通過することが多く, 最低でも8倍程度の双眼鏡は必須。

🈁観察地近くの駐車スペースは8台程度。園内にはいくつか駐車スペースがありそちらの利用も可。墓地公園なので彼岸のころは誘導員が配置されるほど墓参で混雑する。観察者は期間中, 駐車スペースを含めて十分な配慮が必要。近年, 園内でカモシカやクマの目撃情報が増えている点に注意したい。

❶小高い丘で北から渡ってくるタカたちを出迎える
❷条件がよい日ならば, すぐ頭上をノスリたちが次々と渡る姿を見ることができる

アクセス：JR 秋田駅より徒歩70分, JR 外旭川駅より徒歩20分。車は秋田自動車道「秋田中央 IC」から25分,「秋田北 IC」より20分

駐車場・トイレ：駐車場は彼岸のころは墓参客で混雑する。公共交通機関の利用も考えたい。最寄りのトイレは観察地点より徒歩10分。ほかにも園内には数か所ある

宿泊施設：秋田駅周辺にホテル多数。車で約15分のところに温泉ホテルもあり

主な時期：9月中〜下旬→ハチクマ, サシバ　9月下旬〜10月下旬→ノスリ, ツミ

観察会：9月1日〜10月末まで日本野鳥の会秋田県支部の有志にて調査実施

COLUMN
EADASを活用しよう

EADAS(Environmental Impact Assessment Database System)とは,環境省が公開している環境情報に関するデータベースで,2017年から運用されている。自然公園の範囲や植生図など,さまざまな情報を地図上に表示することができるが,「鳥類の渡りルート」も表示可能で,主なタカの移動経路を図示できる。

さっそく「日中の渡りルート(ハチクマ)」を表示してみよう。EADASのトップページ(https://www2.env.go.jp/eiadb/ebidbs/)を開き,「データベースを見る→地図を見る」をクリック。つづけて「風力発電における鳥類のセンシティビティマップ」「鳥類の渡りルート」「日中の渡りルート」を選択し「追加」をクリックすると,タカのほか,ガン類やツル,ハクチョウの移動経路が重ねられた日本地図が表示される。右側の表示リストのチェックボックスを操作してハチクマ以外を非表示にすれば完成だ。「背景選択」で数種類の地図や衛星画像を選択できる。もちろん地図は拡大,縮小が可能。タカの移動経路以外のさまざまな情報も重ねて表示できる優れものだ。

これらの経路図を描くには環境影響調査のデータや,各地の研究者へのヒアリング結果など,膨大な情報が用いられている。本書の各種解説ページの経路図は,このサイトの図を参照して作成したものだ。本当かな?と思える部分もあるかもしれないが,新たな観察スポットを探すときには大いに役立つだろう。

なお,タカたちの移動経路は図示されるような単純な「線」ではなく,かなりの幅をもつものだということをお忘れなく。

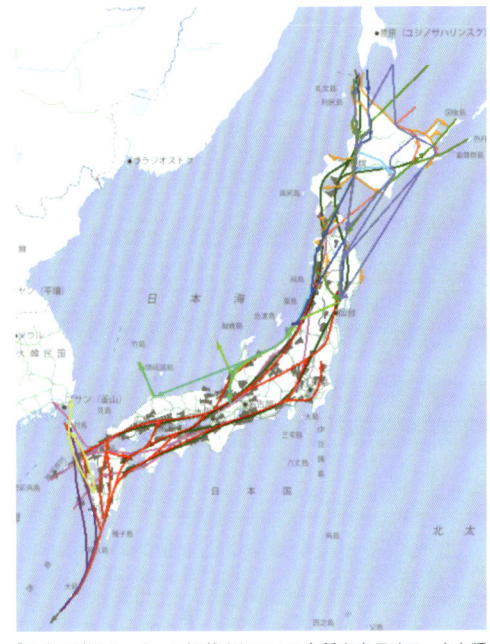

「日中の渡りルート」に掲載されている全種を表示する。タカ類では,海ワシ類,アカハラダカ,サシバ,ノスリ,ハチクマ,その他猛禽類,が表示されている

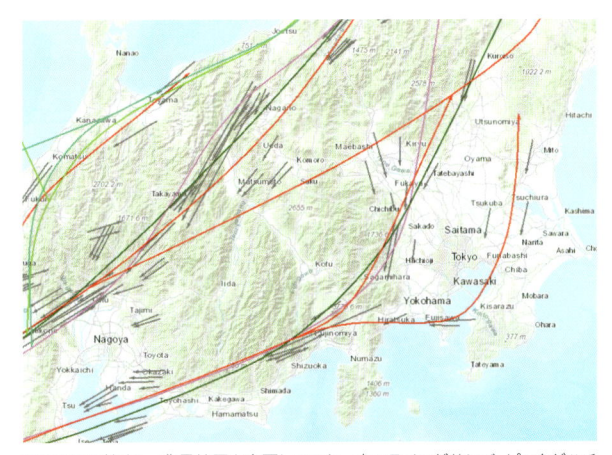

同じ地図を拡大し,背景地図を変更してみた。赤いラインがサシバ,ピンクがハチクマ,深緑がノスリの経路だ。詳しく見れば,違和感を覚える箇所も少なくない

⑤ 白樺峠 たか見の広場

【長野県松本市】しらかばとうげ たかみのひろば 文・写真◎久野公啓（信州ワシタカ類渡り調査研究グループ）

～澄みきった秋空, 人里離れた標高1,700mの観察地を群れ飛ぶタカ～

乗鞍岳の東山ろくを走る「上高地乗鞍スーパー林道」。白樺峠はその途中の小規模な峠だ。そして「たか見の広場」は, この峠から20分ほど遊歩道を登った山頂近くの観察スペースである。約300人が利用できる広場は北東側の展望がよく, 移動してくるタカを見つけやすい。サシバの通過の最盛期には, 遠く近く, いくつもの鷹柱が立ち上がり, ホークウォッチャーたちの歓声に包まれる。

注 9月下旬は駐車スペースが不足し, 峠から離れた場所に車を止めて, スーパー林道を歩く必要がある場合がある。この林道は工事用の大型車両が頻繁に通行するので, 駐車には十分な配慮を。最寄りの公共交通機関は, 奈川地区と乗鞍高原までの路線バスのみ。9月でも氷点下まで冷え込むことがあるので寒さ対策は万全に。

❶北東側の展望。眼下に梓川の谷を見下ろす。タカはこの谷に沿うように飛んでくる。避難小屋が3棟あり, 内部には最新の調査結果など, さまざまな情報が掲示されている
❷斜面をひな壇状に整地した観察スペース
❸観察地の正面に止まったハチクマ。早朝や雨天などの上昇気流が弱い日は, 運がいいと休息するタカを観察できる

松本市方面

白樺峠公衆トイレ

乗鞍岳展望台　　たか見の広場

↓乗鞍高原　　↓奈川方面

<u>アクセス</u>：公共交通機関はなし。長野自動道「松本IC」から90分, 中央自動車道「伊那IC」から100分
<u>駐車場・トイレ</u>：ハイシーズンは駐車場が不足する。トイレは峠の設備は旧式で, 観察地は仮設トイレのみ
<u>徒歩移動</u>：峠から観察地まで徒歩20分
<u>宿泊施設</u>：奈川地区と乗鞍高原に民宿, キャンプ場など多数。それぞれ峠から車で20～30分
<u>主な時期</u>：9月下旬→サシバ, ハチクマ（1日3,000羽）
<u>観察会</u>：信州野鳥の会（http://swbs.sakura.ne.jp）ほか

4

5

❹正面からサシバの大集団が上昇してきた。この日は4,597羽のサシバが記録された（2011年9月24日）
❺紅葉した斜面を背景に飛ぶノスリ幼鳥。当たり日には約500羽見られるが、タイミングの予測は難しい

見どころ

▶サシバ, ハチクマの鷹柱（9月20日〜25日ごろ）

当地で最も多くのタカを見られるのがサシバとハチクマのピーク時期。合わせて5,000羽以上を観察したこともある。雨上がりの晴天が狙い目だ。たくさんの個体が通過するのは日中だが, 早朝はタカがすぐ近くを飛ぶ。

▶紅葉とノスリの渡り（10月中旬）

近年, 個体数が増加傾向にあるノスリの特徴は, ゆったりした渡りが長時間続くこと。1羽1羽をじっくりと観察できるので, 個体数が少なくても充実感を味わえる。また, この時期は観察できるタカの種数が多い。

サテライトスポット

乗鞍岳展望台

車道沿いの観察スポットとしてオススメ。白樺峠と乗鞍高原の中間にあり, 乗鞍岳の眺望がすばらしい。車は5台ほど駐車できるが, 近くにトイレはない。遠くを飛ぶタカを見ることが多いのでスコープは必携。

⑥ 梅の公園

【東京都青梅市】うめのこうえん　文・写真◎荒井悦子（日本野鳥の会東多摩支部）

～多摩川の渓谷を 渡るタカを丘陵地で観察～

かつて関東有数の梅の名所だった吉野梅郷にある公園で，主な観察地のあずまや③までは入口から10分ほど登る。周辺は広々としたスペースがあり，気ままに三脚を広げて観察できる。ベンチもいくつかあるが，数が限られているのでイスなどがあると便利。階段を登るのが厳しければ，同じ多摩川の約10km下流にある羽村市郷土博物館前でも渡りの観察ができる。

見どころ

▶サシバの鷹柱（9月20日～10月5日ごろ）

関東平野を南下してきたサシバは，丘陵地に沿って上昇気流を捉えながら集まる。多摩川上空で高度を下げながら滑翔し，梅の公園上空付近で旋回上昇して南西へ向かう。時に100羽を超える鷹柱が観察できる。関東などの繁殖地を出発し，11時過ぎに青梅に到着する個体が多く，ピークは13時ごろまで続く。

注 公園周辺に駐車場は少ない。徒歩5分ほどのところに青梅市の無料駐車場（梅郷4丁目）があるが，なるべく電車やバスを利用してほしい。暑い日が多くなっているので，暑さ対策と水分など持参。天候次第で寒い日もあるが，気温は下がっても15℃くらい。フリースや風を通さない上着の持参もおすすめ。

❶梅の公園から北～北東方向の風景
❷観察会ではサシバをはじめ，猛禽類や小鳥を発見すると支部会員の誰かが解説をしてくれるので，初心者でも安心して参加できる

アクセス：JR日向和田駅から公園入口まで徒歩15分。またはJR青梅駅から都バス（梅76丙吉野行）で「吉野梅林」下車，公園入口まで徒歩3分

駐車場・トイレ：駐車場はピーク時には不足する。トイレは正面入口と東口に2か所

徒歩移動：公園入口から階段などで10分の登り

宿泊施設：青梅駅，河辺駅，羽村駅，小作駅など駅周辺に宿泊施設あり

主な時期：9月下旬～10月上旬→サシバ（約1,500羽）。ほかハチクマ，ノスリ，クマタカなど

観察会：日本野鳥の会奥多摩支部
https://wbsj-okutama.jimdofree.com/

⑦ 武 山

【神奈川県横須賀市】 たけやま　文・写真＝宮脇佳郎

～都心から車で70分。
三浦半島で見る鷹柱～

三浦半島の中央付近に位置する標高200mの丘陵地。半島のここから南には高い山がないので，南房総から東京湾を越えて渡ってくるタカにとって武山はよいランドマークになっている。山頂展望台は大きくないが眺望はよく，30人ほどが利用できる。

見どころ

ハチクマは9月20～30日ごろ，サシバは9月25日～10月10日ごろがピーク。1日に多くてハチクマは30～50羽ほど，サシバは200～300羽ほどが渡る。晴れて北東風の日が狙い目。ほかに数は少ないがツミやチゴハヤブサなどが通過する。10月下旬になると今度はハイタカが飛来する。ピークの11月上旬には1日50～100羽以上が通過する。これらのほとんどは北西から飛来し，房総半島のほうへ渡っていく。

注 山頂までの道は細く，車のすれ違いは困難で，山頂の駐車スペースも限られる。観察は広範囲をカバーできる展望台からがよいが，ハイカーも多数利用するため，場所を譲るなど配慮を忘れないように。三脚を使用して撮影する場合，展望台の最上段は狭いので中段から行うのがローカルルール。トイレ下からは北方向を見渡せ，木陰もあるので，9月の暑いときは涼みながら観察できる。

❶山頂の展望台
❷トイレ下の観察場所

アクセス：京浜急行横須賀中央駅からバスで30分，「一騎塚」下車徒歩30分。車は横浜横須賀道路「衣笠IC」から20分

駐車場・トイレ：駐車場は7～8台分。トイレあり

徒歩移動：駐車スペースから徒歩1分

宿泊施設：横須賀リサーチパークにホテル。車で15分

主な時期：9月中下旬→ハチクマ　9月下旬～10月中旬→サシバ　10月下旬～11月上旬→ハイタカ

観察会：9月中旬～10月中旬まで三浦半島渡り鳥連絡会による調査が行われ，誰でも参加できる
https://birder.guidebook.jp/miura/

⑧ 金華山水道山展望台

【岐阜県岐阜市】きんかざんすいどうやまてんぼうだい 文・写真◎秋田滉介

～市街地からほど近い展望台は、渡り鳥観察の一等地～

一帯の山が平野に突き出た地形の先端に位置する水道山展望台で気軽にタカの渡り観察が楽しめる。渡りの規模は小さめだが、真上をタカが通ることが多く、1羽ずつしっかり観察できるのが楽しい。大きな群れも時折現れ、列を成して頭上を流れる様子は圧巻。小鳥の渡りも多く、空からさまざまな声が降ってくるので、耳を澄ますとより楽しめる。

見どころ

金華山周辺は朝に新潟を発ったタカが午後に飛来するとされ、その日の夕方か翌日午前中がピークとなることが多い。ノスリは近年渡り個体数が増え、当地では最も多く観察できる。小鳥の渡りは9月初旬のサンショウクイ、9月下旬～10月中旬にはヒヨドリとカケス、初冬にかけてホオジロ科、アトリ科など。

注 景色を見にくる人のために場所を空けること。9月は暑い日が多いので、熱中症対策は必須。展望台には自販機がないため、十分な量の飲み物を持参する必要がある。

❶渡来方向。正面の山頂左下に岐阜城のある金華山（標高329m）が見えるが、展望台からは見にくい。タカは金華山～赤白の鉄塔方向から来る
❷ハチクマの渡りが日の入りまで続き、最後の1羽が夕日に向かって飛び出した（2023年9月23日）

1

2

<u>アクセス</u>：名鉄・JR岐阜駅から徒歩約40分。岐阜バス「柳ヶ瀬」バス停から徒歩約20分。いずれもふもとの粕森公園から遊歩道を登る必要がある。車では東海北陸道「岐阜各務原IC」から金華山ドライブウェイ入口まで約20分、岩戸公園もしくは岐阜公園南側から金華山ドライブウェイに入って約10分（21～7時は通行止、岐阜公園南側からは土日祝日は登りのみの一方通行）
<u>駐車場・トイレ</u>：あり
<u>徒歩移動</u>：車の場合はなし
<u>宿泊施設</u>：周辺に多数
<u>主な時期</u>：9月中～下旬→サシバ、ハチクマ（1日600羽）10月→ノスリ（1日400羽）
<u>観察会</u>：野鳥の会岐阜　https://gifubird.sakura.ne.jp/

サシバの通過時期が早くなる

105ページでは，タカの渡りのカウント調査の成果として，サシバの個体数の変化について紹介したが，秋の通過時期が早期化する傾向も見えてきた。

1980年ごろ，伊良湖岬のサシバの観察最適期は10月10日であった。晴天率の高い特異日として「体育の日」に制定されていた日である。ところが，近年の伊良湖岬では，10月初旬に通過のピークが見られ，10月10日では遅すぎる。

図はサシバの通過時期の変化を可視化しようと，宮崎県の金御岳，伊良湖岬，白樺峠のカウント調査の結果から，各地，各年のサシバの個体数の累計がその年の総数の75％に達した日を割り出し，グラフで示したものだ。タカの渡りは天候に大きく左右されるので，当然ながらグラフは大きく折れ曲がるのだが，回帰直線を算出すると，3地点ともに近い傾きの右下がりの直線が現れた。つまり通過時期の早期化の様子が共通していることがわかったのだ。

秋のサシバの渡りは，本州中部ではまず，内陸部の白樺峠などで通過が見られ，伊良湖岬など太平洋岸の地域では少し遅い時期にピークが現れる。これらのサシバは四国で合流して九州に入り，金御岳などを南下してゆく。

なぜ，サシバの渡りの時期が早くなっているのかはわかっていない。近年，残暑の厳しい年が増えているので，気温の影響だけで考えれば，渡りの時期が以前より遅くなっても不思議はない。しかし，変化は逆の方向だ。サシバの繁殖の早期化や，繁殖地域の北上など，さまざまな要因が複雑に絡み合っているのだろう。春の渡りについても，時期の変化が起こっているかもしれない。今後の調査に期待しよう。

群れ飛ぶサシバたち。かつて，たくさんのサシバたちが渡る頃は，清々しい秋の空気に包まれていたものだが，近年は，残暑の中でサシバを見送ることが多くなった　9月 白樺峠

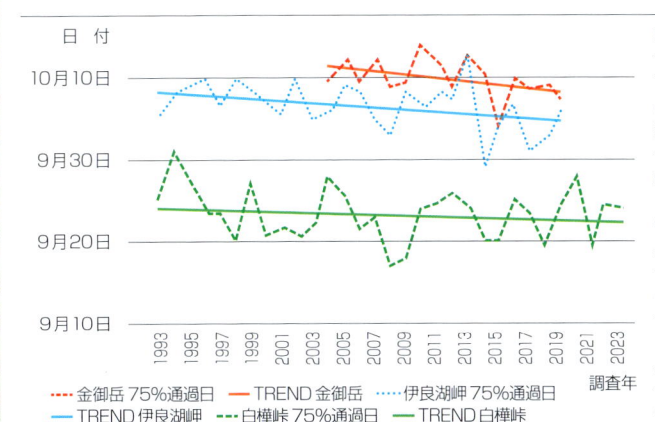

図　金御岳，伊良湖岬，白樺峠のサシバ75％通過日の変化

75％通過日は，通過のピーク日と一致することが多い。25％通過日，50％通過日も比較しているが，いずれもよく似た回帰直線が現れた。『鳥の渡り生態学』（82ページ）を参考に，白樺峠の2020〜2023年のカウント結果を追加して作図。4年分のデータを追加した白樺峠の回帰直線は，2019年までのものに比べ，勾配がややゆるやかになっている（調査：金御岳サシバカウンターズ，伊良湖岬の渡り鳥を記録する会，信州ワシタカ類渡り調査研究グループ）

日　付

10月10日
9月30日
9月20日
9月10日

1993 1995 1997 1999 2001 2003 2005 2007 2009 2011 2013 2015 2017 2019 2021 2023　調査年

- ----- 金御岳 75％通過日
- ─── TREND 金御岳
- ……… 伊良湖岬 75％通過日
- ─── TREND 伊良湖岬
- ----- 白樺峠 75％通過日
- ─── TREND 白樺峠

⑨ 伊良湖岬 恋路ヶ浜駐車場

【愛知県田原市】いらごみさき こいじがはまちゅうしゃじょう 文・写真◎山本光昭（伊良湖岬の渡り鳥を記録する会）

〜風光明媚な人気観光スポットで
気軽にタカ観察〜

愛知県南東部, 静岡県境から西に伸びる渥美半島の先端にあり, 太平洋沿いに約1kmにわたって広がる白砂青松の砂浜。日本の渚100選に選ばれた観光名所で広い駐車場とトイレが整備され, 飲食店や旅館も隣接する。ここでは駐車場に三脚と椅子を置き, その場でゆっくり観察するのが定番だ。東方向にある宮山上空に沸き立つように現れたサシバやハチクマが鷹柱となり, 上空を次々に流れていく様子を堪能できる。

注タカは午後になると高く遠くなるので, 午前中の早い時間帯に見るのがおすすめ。小鳥も早い時間帯がよい。駐車場は充分あるが, 土日祝の昼前後は観光客で混むことがある。満車時は道の駅にも広い駐車場がある。駐車場には日影がないので熱中症対策を忘れずに。

❶タカの多くは東方向の宮山上空に現れる。見つけるコツは稜線上空を双眼鏡で丹念に探すこと
❷観察は車を背に, ハッチバックを日よけするのが当地のスタイル。折り畳みイスやテーブルがあると快適。十軒茶屋が軒を連ね, 飲食にも困らない。「大あさり」はぜひ食べたい名物（撮影◎松永光広）
❸カマキリを空中で捕らえて渡るサシバ。海面や砂浜の強い照り返しのレフ板効果で明るい下面写真が撮れるのもここならでは

アクセス：JR豊橋駅からバス（豊鉄バス）の保美行きに乗り「保美」で伊良湖岬行きに乗り換え,「恋路ヶ浜」下車（所要約140分）。または豊橋鉄道渥美線新豊橋駅から三河田原駅へ行き,「田原駅」で伊良湖岬行きバスに乗り換え（所要約120分）。車は東名高速道「豊川IC」「音羽蒲郡IC」から約90分。関西方面からは伊勢湾フェリー利用も便利（鳥羽〜伊良湖約60分）

駐車場・トイレ：駐車場は138台収容, トイレは駐車場に2か所

徒歩移動：なし

宿泊施設：近隣にホテル, 旅館, 民宿など多数

主な時期：10月初旬→サシバ, ハチクマ（1日1,000羽）
11月初旬→ハイタカ, ツミ（1日200羽）

観察会：東三河野鳥同好会（https://higashimikawa-tori.jimdofree.com/）ほか

4

5

6

❹チゴハヤブサ幼鳥と成鳥が連れ立って渡る。1日41羽が当地の記録で10羽以上渡る日も珍しくない
❺11月はハイタカの季節。秋空に雄成鳥の青灰色が映える
❻海上を団子状になって渡るヒヨドリも見どころ（撮影◎伊藤裕康）

サテライトスポット

渥美の森展望台

恋路ヶ浜から東北東に約7km、標高110mの高台にある展望台。ふもとの駐車場から徒歩約15分。目線の高さでタカの渡りが見られる場所として特にカメラマンには人気。秋は混むので登れないことも多いが、展望台下でも観察は可能。一方、春は混まないのでおすすめ。トイレは徒歩3分。

見どころ

▶多種類のタカが見られる（9月下旬〜10月中旬）
サシバ、ハチクマのほかにノスリ、ツミ、オオタカ、アカハラダカ、チゴハヤブサ、ハヤブサ（ハンティング）、チョウゲンボウ、ミサゴなど1日10種以上のタカの出現も珍しくない。特にチゴハヤブサは毎シーズン約130羽と安定して渡る。

▶ハイタカの渡り（10月下旬〜11月下旬）
日本列島を南下して西進する個体と、朝鮮半島を南下して東進する個体が交差する経路となっており多数観察できる。識別を楽しむハイタカ属フリークにはたまらない時期だ。早朝に古山周辺で渡り途中の小鳥を狙う個体も多く、ダイナミックな狩りを間近に見ることができる。

▶小鳥の渡りとヒヨドリ団子（10月中旬〜11月中旬）
9月のツバメやサンショウクイなどの夏鳥に始まり、10月はヒヨドリやマヒワ、11月に入るとイカル、クロジ、ツグミなどの冬鳥と、時期により多彩な小鳥の渡りが楽しめる。中でもヒヨドリは1日で数万羽を数え、川の流れのような圧巻の光景となる。

⑩ 萩谷総合公園

【大阪府高槻市】 はぎたにそうごうこうえん　文◎小林綾子　写真◎小林正和 (高槻ホークス萩谷調査隊)

～子ども達が遊ぶ広場の上空を
タカが舞い流れる～

観察風景

サシバ

サッカー場やテニスコート, 遊戯施設を備えた運動公園で, 週末は家族連れなどでにぎわう。タカの渡りは公園内のわんぱく広場のいちばん東寄りの, 東側を一望できる標高188mの地点で観察する。場所は限られるが, 最大30～40名は観察できる。ピーク時には, 稜線や雲の中から次から次へと湧き出るタカを発見できる。

見どころ

9月中旬～10月初旬はサシバとハチクマが中心で, ピーク時は50～100羽近い鷹柱となることもある。10月中～下旬はノスリのほか, ツミやハイタカ (東行き) も出現する。早朝には付近でねぐら入りしていたタカが稜線から飛び立つ姿が見られ, 観察地点の真上の近いところを帆翔することもある。

注 10月上旬ごろまで暑さや日よけ対策, 10月下旬は冷え込むので防寒着が必要。長時間観察する場合は, レジャーシートやイスを持参するとよい。週末は家族連れが多くなり, 特に野球やサッカーの試合があると駐車場がほぼ埋まって15時ごろは出庫に時間がかかることがある。自販機はあるが売店はないので, 食事は持参となる。

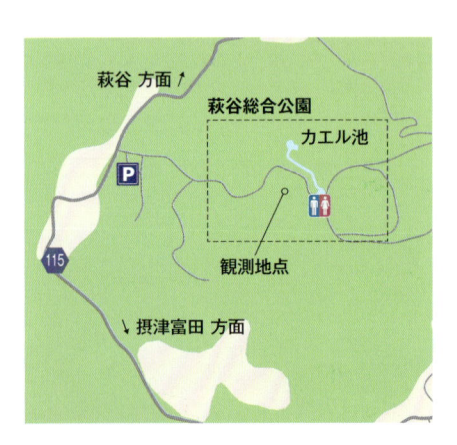

アクセス：JR 摂津富田駅からバス (高槻市営バス) の萩谷か萩谷総合公園行きで約20分「萩谷総合公園」下車。新名神高速道「高槻IC」「茨木千提寺IC」および名神高速道路「茨木IC」から約20分。国道171号線の交差点 (大畑町) から府道115号を公園入口が見えるまで北上
駐車場・トイレ：駐車場は350台収容, トイレは観察地点付近にあり
徒歩移動：バス停や駐車場から観察地点までは徒歩5分
宿泊施設：高槻市内のホテル, 摂津峡青少年キャンプ場, 摂津峡花の里温泉山水館など
主な時期：9月中旬～10月初旬→サシバ, ハチクマ
10月中～下旬→ノスリ, ツミ, ハイタカ
観察会：なし

⑪5万人の森公園

【奈良県五條市】ごまんにんのもりこうえん　文◎天川慎太郎　写真◎濱薗正昭

～「風の谷」を渡る
サシバを迎え送る～

観察風景

金剛山の山ろく

標高262m, 金剛山山ろくの南端に位置する市立公園。この場所は地元で「風の谷」と呼ばれ, 常に風が吹くため, 渡りのタカたちの進路や高度に影響を与える。駐車場やトイレも完備され, 喫茶店も併設されている。家族連れやグループでゆっくりとタカの渡りを観察できる。

見どころ

秋（9月25日～10月10日ごろ）, 春（3月25日～4月15日ごろ）ともにサシバの渡りが観察できる。ピーク時は春1,000羽／日, 秋2,000羽／日以上が期待でき, 時折鷹柱も見られる。早朝には数十羽のねぐら立ちを観察できることがある。早朝は比較的低空を移動し, 正午にかけて移動高度が高くなる傾向がある。8倍以上の双眼鏡は必須。

注 駐車スペースは十分あるが, 公園でのイベント（バザー等）が開催されるときは, 臨時駐車場に止めるのがおすすめ。また散歩や家族でのレクリエーション, 犬の散歩等で, 公園を訪れる人が多い。観察場所には配慮したい。

アクセス：JR北宇智駅から徒歩40分, または JR 五条駅からバスで「田園1丁目」下車, 徒歩20分。車は京奈和自動車道「五條IC」から10分

駐車場・トイレ：駐車場は70台収容, トイレは駐車場付近にあり

徒歩移動：なし

宿泊施設：五條市内にホテル。吉野方面, 橿原方面に民宿や旅館, ホテルがある。それぞれ公園から車で15～60分

主な時期：9月下旬→サシバ, ハチクマ（少）（合わせて1日に最高2,000羽）　3月下旬～4月上旬→サシバ, ノスリ（合わせて1日に最高900羽）

観察会：日本野鳥の会奈良支部（https://wbsj-nara. jimdofree.com/）ほか

⑫ 角　島

【山口県下関市】 つのしま　文・写真◎古田慎一〔関門タカの渡りを楽しむ会〕

～大陸への「飛び出し口」，薄暗い時間から大海原へ出ていくハイタカ～

観察定点の様子

灯台の前を飛ぶハイタカ

本州最西端の山口県の北西に浮かぶコバルトブルーの海と灯台と橋があり，CMや映画のロケ地となったこともある風光明媚な島。観察定点からは600m北の角島灯台と美しい日本海を望める。ピーク時には周囲でねぐら入りしていたハイタカが次々飛び立ち，対馬方面に渡っていく様子は見る価値あり。沖に出てもしばらくして戻ってくるものや定点周辺を獲物を探して飛ぶところも見られ，カウントだけでなく撮影も楽しめる。

見どころ

▶ ハイタカ（2月下旬～4月下旬）
最多でシーズン3,000羽前後。成鳥のピークは3月20日前後で幼鳥のピークは4月20日前後。雨や強風で渡れない日が続いた後は1日500羽以上カウントした日もある。ノスリ，チョウゲンボウ，オオタカ，ハイイロチュウヒも少数渡る。4月からサシバ，5月からハチクマが海側から少数入る。

（注）観察定点は島の西側の未舗装路の途中にあり10人程度でいっぱいになる。海に面していて北西風が強いので防寒対策を十分に。タカは夜明け後2～3時間でほとんど渡るので夜明け前には現地へ着こう。食堂が昼ごろいくつか開くが，早朝観察の場合は本土側のコンビニで購入したほうがよい。

アクセス：公共交通機関はない。車は中国自動車道「美祢IC」「下関IC」から約90分

駐車場・トイレ：駐車場は未舗装路上に10台程度収容，トイレは観察定点にはなく，近くの灯台としおかぜの里にある

徒歩移動：なし

宿泊施設：島内外は部屋貸しや一軒貸しが多く大人数向き。旅館は車で30分の川棚温泉や豊田町にあり。島内にキャンプ場あり

主な時期：3月上～下旬→ハイタカ成鳥　4月上～下旬→ハイタカ幼鳥　成幼合わせて約2,000～4,000羽

観察会：観察定点では行ってないが，野鳥の会山口県支部では春に島で観察会を行っている（https://wbsj-ymg.org/00_top.html）

⑬ 関門海峡

【山口県下関市・福岡県北九州市】かんもんかいきょう 文・写真＝松本 宏（関門タカの渡りを楽しむ会）

～本州西端へ集まるタカは, 海峡を越えて九州へ～

観察風景（上：火の山, 下：高塔山）

ハチクマの群れ

関門海峡を隔てて東側は下関市の火の山, 西側が北九州市の高塔山で観察する。火の山は山頂近くの立体駐車場の屋上が観察スペースで北側から現れるタカを見つけやすい。高塔山は公園の展望台が観察スペースで, 目の前の工場の上昇気流で高度を上げるタカが特徴的。関門海峡を渡るタカは風向きにより飛翔ルートが変わり, 北および西寄りだと火の山, 東寄りだと高塔山で多くの渡りが見られる。風向きを調べて観察地を選ぼう。

見どころ

▶ハチクマの渡り（9月中旬～末）

最多でシーズン火の山, 高塔山ともにハチクマが中心。1日1,000羽を超える日もあり, 目の前で次々と上がる鷹柱は見ごたえ十分。サシバ, ノスリ, ツミ, アカハラダカ, ハイタカ, オオタカ, チゴハヤブサ等も観察できる。

注 観光客も利用するので配慮が必要。日陰がなくて暑いので熱中症対策を忘れずに。

アクセス：【火の山】JR下関駅からバス15分「火の山ロープウェイ」下車。ロープウェイ（運行は10～17時）で山頂へ。車は中国自動車道「下関IC」から15分。【高塔山】公共交通機関はない。車はJR若松駅から8分, 北九州都市高速「若戸」出口より約5分

駐車場・トイレ：火の山, 高塔山ともに公園なので, トイレや駐車場は整備されている

徒歩移動：【火の山】ロープウェイ山頂駅から徒歩5分
【高塔山】駐車場から徒歩5分

宿泊施設：ふもとにビジネスホテル多数

主な時期：9月下旬→ハチクマ　10月中旬→ノスリ, ハイタカ

観察会：【火の山】野鳥の会山口県支部 https://wbsj-ymg.org/00_top.html【高塔山】野鳥の会北九州支部 https://wildbirdkitaq.wixsite.com/website, 高塔鷹の会（https://takato-takanokai.org/）

⑭ 鳴門山展望台

【徳島県鳴門市】なるとやまてんぼうだい　文・写真◎臼井恒夫（日本野鳥の会徳島県支部）

～眼下に鳴門の渦潮を見ながら，
渡るタカを見送る～

鳴門市街地の北方に位置する鳴門公園内の展望台。標高約100mで公園内の駐車場から徒歩10～15分ほどで着く。北東に大鳴門橋と淡路島，南東に紀伊水道，南西に四国山地，北西に本州を臨む絶景の地で南側を除き，視界はほぼ360°開ける。春，秋とも長期間渡りを楽しめる。

見どころ

▶タカの渡りの交差点

秋は対岸の淡路島方向から来るサシバ，ハチクマ，ノスリを待ち受ける。10月中旬には反対方向からハイタカも飛来し，まさにタカの渡りの交差点。春も3月上旬からのノスリに始まり，順次ハイタカ，サシバ，ハチクマを5月中旬まで楽しめる。上空を通過するタカばかりではなく，条件がよければほぼ真横を通過したり，展望台下方から浮き上がって間近を通過するタカの姿を見られる。

注 春，秋の観光シーズンは観光客でにぎわうため，近隣の交通渋滞，駐車場の満車も起こる。早めに到着するのがおすすめ。展望台上部はあまり広くないので撮影機材などの配置などには配慮と譲り合いを。防寒，日焼け止め，熱中症への対策も必要。

❶鳴門山展望台。眼下に鳴門海峡，間近に大鳴門橋，対岸に淡路島を臨む
❷展望台の下方，海面を背景に渡るノスリ

1

2

鳴門山展望台

28

11

アクセス：JR鳴門駅からバスで20分，JR徳島駅からバスで1時間，いずれも鳴門公園行きで「鳴門公園」下車。車は阪神淡路鳴門自動車道「鳴門北IC」から10分
駐車場・トイレ：駐車場は複数あるが，観光シーズンは混雑（1日500円）。トイレは駐車場や隣接する商業施設にある
徒歩移動：駐車場やバス停から展望台まで徒歩10～15分
宿泊施設：鳴門駅周辺にあり
主な時期：3月中～下旬→ノスリ，ハイタカ，サシバが1日100～200羽　5月中旬→ハチクマ　9月下旬→サシバ，ハチクマ，ノスリが1日に1,000羽　10月下旬→ノスリ，ハイタカが1日100～200羽
観察会：日本野鳥の会徳島県支部が近隣の四方見展望台で実施

⑮ 高茂岬

【愛媛県愛南町】こうもみさき　文・写真 = 楠木憲一（日本野鳥の会 愛媛）

～豊後水道で九州と
対峙する岬でタカを見送る～

リアス式海岸の岬の先端にある観察地で「足摺宇和海国立公園」にあたる。風光明媚な豊後水道に突出した高茂岬の標高140mにあり，青い海と水平線，緑の島々が美しい。視程がよければ九州の海岸線や水ノ子島灯台が見える。最高峰の権現山や高茂岬に続く尾根を越えて東から飛来するサシバ群を観察する。岬は常に強い北風が吹き，珍しい風衝林やビロウ，アシズリノジギク等が見られる。

見どころ

海を渡るタカ類を観察できる観察地で，渡りは夜明けとともに始まる。赤く染まった朝焼けの空に，遠くかすむ九州を目指してサシバの行列が海に飛び出していく，一度見たら絶対に忘れられないシーンだ。またハチクマの飛去方向が分岐し，サシバと同方向に渡るものと西北西（福江大瀬崎方向）にわかれる場所で，九州から飛来するハイタカの渡りも見られる。

⚠早朝の観察では防寒対策に上着を追加で用意するとよい。観察地には売店，自販機などはないので，事前に用意すること。宿泊やコンビニ等での買い物は御荘平城が便利。岬からいちばん近いコンビニまでは車で約25分（24時間営業ではない）。

❶観察風景
❷サシバの鷹柱。渡りのピーク時（10月5～10日）には2,000羽を超える渡りが見られる日もある

2

アクセス：バスは城辺営業所（宇和島バス）約40分「外泊」で下車し，そこから高茂岬まで約8km。車は松山自動車道「津島岩松IC」から愛南町まで約30分，そこから高茂岬までは約40分

駐車場・トイレ：岬は公園整備され，駐車場やトイレ（障害者用等），展望台，休憩所等が完備

徒歩移動：なし。駐車場や隣接の展望台，芝生の広場が観察場所なので車椅子等でも観察できる

宿泊施設：ホテルや旅館は御荘平城と船越地区にある。民宿は観察地に近い外泊地区等にも複数ある

主な時期：9月末～10月10日ごろまでがベスト

観察会：日本野鳥の会 愛媛（毎年10月上旬の3連休ごろ）

⑯ 対馬内山峠 アカハラダカ展望所

【長崎県対馬市】 つしまうちやまとうげ あかはらだかてんぼうしょ 文・写真＝貞光隆志〔対馬野鳥の会〕

〜西に朝鮮海峡，東に対馬海峡を一望，
上空を渡るひと群れ数千のアカハラダカ〜

アカハラダカ展望所

展望所から眺めるアカハラダカの鷹柱

対馬下島の内山盆地を取り囲む連山の東端にある標高435mの峠。約30年前，秋におびただしい数のアカハラダカが渡っていくことが確認されて以来，毎年観察とカウントが行われている。2001年にアカハラダカ展望所が完成してからは，360°の展望が開ける絶好の観察地となった。対馬野鳥の会が中心となって毎年9月の1か月間，観察とカウントを行い，多い年は10万を超える数が観察されることがある。

`見どころ`

▶アカハラダカのピークは9月中旬

アカハラダカは9月中旬が渡りのピークで，1日のカウント数が9万を超えた年もある。8時ごろまでは峠周囲から飛び立つ個体が多く，近くで見られることもある。それ以降は朝鮮半島から群れが直接飛来し，数が多くて見応えがあるが，高高度のことが多い。ハチクマは春には多く渡るが，秋は少ない。

ℹ️峠付近に店舗や食堂はないため，飲み物，弁当の持参が望ましい。厳原市街にコンビニがある。峠は市街地より気温が低く，風が強くて雨が降っていることもある。防寒具や雨具が必須。

アクセス：公共交通機関はないため，レンタカーの利用が便利。厳原港から車で15分，対馬空港からは車で約30分

駐車場・トイレ：駐車場は展望所に隣接し収容約15台。展望所東側の駐車場に仮設トイレがある

徒歩移動：駐車場から階段の移動（約40段）あり

宿泊施設：厳原市街にホテルが数軒ある

主な時期：9月中旬→アカハラダカ　5月→ハチクマ

観察会：9月中は対馬野鳥の会の会員が毎日峠で観察している

⑰ 大瀬山

【長崎県五島市】 おおせやま 文・写真：出口敏也（諫早ビジターセンター）

～日本最後のハチクマ渡り中継地。
ここから大陸を目指し，東シナ海を越える～

大瀬山山頂展望台

風の弱い日，福江島北西部から飛来したハチクマはこの場所に集まってから大瀬山に飛来することが多い。

五島列島で最大の島，福江島西部の大瀬山（250m）山頂の展望台は，東の玉之浦湾のリアス海岸，西の大瀬埼灯台やそこに連なる断崖が望める景勝地だ。視界が360°開けているので，飛んでいるハチクマを見つけやすい。

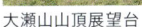
見どころ

▶ハチクマの鷹柱（9月20日～10月3日ごろ）

ハチクマは日の出前後から飛び立ち，大瀬山の上空で群れとなって西に向かう。風の弱い日は飛び立ちが日の出から1～2時間後になり，目線の高さで大瀬山周辺に次々と飛来することが多い。双眼鏡で虹彩やろう膜の色がわかるくらいの距離を群れで飛翔する光景は大迫力だ。

注 山頂展望台は広くない。観光客も多いので撮影・観察機材（特に三脚）の設置や扱いに注意。道路の終点にある駐車場に車を停める場合，場内に大型観光バスの転回場があるので停め方に注意。9月は暑い日が多く，日陰がほとんどないので熱中症対策が必要。9月下旬は北西の冷たい風が吹くことがあるので羽織るものがあるとよい。

大瀬山登り口

大瀬山

50

アクセス：公共交通機関はない。福江港から車で約60分
駐車場・トイレ：駐車場はハイシーズンだと展望台直下が満車になることが多い。トイレは展望台から約200mのところに1か所ある
徒歩移動：展望台直下の駐車場からは階段・坂道を2分ほど歩く
宿泊施設：玉之浦地区にゲストハウス2軒と大宝地区に民宿1軒。一般客の利用もあるので早めの予約が必要。福江地区には宿泊施設多数
主な時期：9月下旬→ハチクマ（1日300羽～3,000羽），アカハラダカの大群が現れることがある
観察会：定期的な観察会はなし

⑱ 烏帽子岳

【長崎県佐世保市】えぼしだけ　文・写真◎今里順一郎（日本野鳥の会長崎県支部）

～アカハラダカから始まる秋の渡り，
駐車場横で楽々観察～

佐世保港から北東側に位置する標高568mの山。「風と星の広場」などがあり市民の憩いの場となっている。アカハラダカの観察場所はその広場の北側にある。駐車場のすぐ横なので楽に観察や撮影ができる。また，10分ほど登った山頂も展望がよく，観察に適している。アカハラダカは主に北西方向から飛来してくるが，観察者の頭上で鷹柱をつくることも多く，タカ渡りの醍醐味を味わえる。

注 9月はまだまだ暑いが，朝や天候が悪い時には冷え込むことがあるので寒さ対策が必要。頂上は近いところを飛ぶタカを観察する確率が高いが，あまり広くないうえに，周りの木が高くなり，以前より展望が悪い。日陰や三脚を立てる場所も少なく，トイレもない。数を見るなら下の観察場所がおすすめ。

❶❷駐車場のすぐ横に草地の観察スペースがある。標高500m。折りたたみイスがあると便利
❸❹頂上は広くないが，市街地上空を飛ぶタカも観察でき，目線で通過するタカに山会えるチャンスが多い

アクセス：佐世保駅前（4番乗り場）から「烏帽子岳」行バスで約35分（1日3便）。車は西九州自動車道「佐世保みなとIC」より約25分，山手，春日，木風，黒髪，柚木など各方面から車道あり（春日町からがわかりやすい）
駐車場・トイレ：トイレ：駐車場あり（50台収容）。トイレあり（トイレ横に自販機）
徒歩移動：なし
宿泊施設：佐世保市内にホテル多数。観察地より車ですぐのところに県立佐世保青少年の天地がある
主な時期：9月中旬→アカハラダカ　9月下旬以降→ハチクマ
観察会：なし

5

6

7

❺風が弱いときに低高度で旋回すると白い翼下面と青空のコントラストが美しい。成鳥や幼鳥の識別も容易
❻北側の谷からわき出したアカハラダカが，観察地正面に大きな鷹柱をつくった
❼9月中旬からはハチクマが東から飛来する。近距離を飛ぶことも多い

見どころ

▶アカハラダカの鷹柱

数十〜数百羽の群れがつくる鷹柱はいちばんの見どころ。9月8日〜20日ごろが渡りのピークで，朝鮮半島に高気圧があり心地よい北風が吹く日が狙い目。

▶アカハラダカ観察のチャンスは1日3回

まず8時ごろに烏帽子岳周辺やその北部でねぐらを取っていたタカが通過。高度も低く，撮影や観察に最も適した時間帯である。次は11時ごろ，対馬を朝飛び立った群れがやってくる。そして午後1時ごろに朝鮮半島からの便だ。高度は時間とともに高くなるが，群れが大きくなることが多い。

▶9月下旬以降の主役はハチクマ

ハチクマは午後3時ごろより，東の方向から低高度で飛来してくる。かなり近いところを通過するので観察や撮影が楽しい。ほかにもチゴハヤブサやチョウゲンボウ，サシバ，オオタカ，ツミ，ノスリなども数は多くないが渡っていく。10月に入ってからもハチクマやサシバ，ハイタカなどが観察できる。

サテライトスポット

冷水岳展望台

烏帽子岳から直線距離で西北西約17kmのところにある。標高は330mで展望台からは360°の景観が楽しめる。ハチクマの観察や撮影には絶好の場所で，アカハラダカやチゴハヤブサ，ハリオアマツバメなども飛来する。トイレや駐車場も完備。

⑲ 金御岳

【宮崎県都城市】かねみだけ 文・写真◎中原 聡

～数千羽を越えるサシバが
頭上を乱舞し，川のように流れる～

都城盆地の風景

サシバの館での観察風景（写真◎田辺英樹）

広大な都城盆地を見下ろす標高472mの山で，市街地を挟んで正面に霧島山，西遠くには噴煙を上げる桜島を望み，この景色の中をサシバが向かってくる。山頂付近は公園が整備され，観察の拠点となる休憩所「サシバの館」が整備されている。

`見どころ`

▶ 2万羽を越えるサシバ

約21,000羽が通過。早朝6～7時台は近くで一泊した群れが目の前の谷や真上を通り，頭上20mほどの高さのときもある。10時を過ぎると遠方からの群れが鷹柱を作って南下する。飛来数は9月25日ごろから1日に数百羽になり，その後数日で1,000羽を超す。1日4,000羽近くになるピークは，天候次第だが，10月10日を挟んだ1週間程の間だが近年はやや早まっている。

注 車での来訪の際，金御岳登山道は狭いので「サシバ林道」を使うのがおすすめ。駐車場展望台は狭いので特等席のフェンス前はゆずりあっての利用を。頭上低くを広がって飛ぶときは望遠レンズより，50～100mm程の短いレンズのほうがよい。

アクセス：公共交通機関はない。車は宮崎自動車道「都城IC」から約35分。都城駅前交差点から国道222号に入って鼻切峠で右折，「サシバ林道」を進むと駐車場展望台に着く。なお令和6年度中に都城・志布志道路が開通すると，最寄りは「梅北IC」「金御岳IC」となるが，展望台へは遠回りでも「サシバ林道」の利用がおすすめ

駐車場・トイレ：駐車場はサシバの館周辺に約40台と，頂上付近の3か所に約40台収容。トイレはサシバの館の内外にあり

徒歩移動：頂上下の駐車場からはサシバの館まで約300mの平坦な道。頂上までは階段で約8分。サシバの館前に駐車なら徒歩移動は不要

宿泊施設：市内に多数

主な時期：9月中旬～10月中旬→サシバ

観察会：日本野鳥の会宮崎県支部

小鳥の警戒声でタカを見つける

文・写真◎佐伯元子

タカの渡り観察は，飛んでいるタカを探すことから始まる。鷹柱が見られるような状況ならともかく，青空の中，ぽつんと飛ぶタカを見つけるとなると簡単ではない。

そんなときに頼りになるのが，小鳥たちの声だ。捕食される立場の彼らは，目ざとくタカに気づいて警戒声を出す。例えば，エナガの声はわかりやすい。「チリリリリ，チリリリリ!」という大声が，伝染するように広がって辺りが騒然となる。タカが飛んで行った先でも「チリリリリ!」が始まり，見えなくなってもタカがどこにいるかわかるくらいだ。

カラ類のさざめきのような声でタカに気づくこともよくある。けれども，タカがいれば大騒ぎになるとは限らない。カラ類がタカ接近の緊急事態を知らせる「ツィーッ!」という鋭い声の場合，小鳥たちの気配が消えてしまう。急いで見回してもタカが見つからないこともあるが，声を発した個体は体をほっそりとさせ，緊張した顔つきに見える。ほかの小鳥も，それまでしていたことを止め，身をひそめている。ふっくらとリラックスしているときとは様子が違い，恐ろしいものがいるのだとわかる。

小鳥の警戒声は，種を超えて通じる。鳥だけでなく，ネズミ類やヒミズでさえ，タカを知らせる小鳥の声に反応する。我々もタカの渡りを見る間，その場に暮らす一員となったつもりで，小鳥の声には耳をすませていたい。カラ類が騒いだぞ，とすぐにあたりを見回すことができれば，タカ発見の機会も増えるはずだ。

ゴジュウカラにも独特の警戒声がある。細長い嘴のおかげで，見上げている方向がわかりやすく，優秀なタカ発見役だ

急に身を細くして上を見たキレンジャク。上空にハヤブサがいた。この緊張感に気づくこともタカを見つける手がかりになる

タカの渡りをもっと深く知るための

Q&A

「そもそもタカたちはなんで渡りをするのだろう？」などなど，タカの渡りを観察していると浮かんできそうな疑問に答えよう。

Q タカの移動速度はどれくらいですか？

 時速30〜45km 程度で移動することが多いようです。これはサシバやハチクマのように，旋回上昇と滑翔を交えながら渡る中形のタカ類の平均的な移動速度です。当然ながら，搏翔と滑翔による水平飛行だけを見ればこれよりずっと速く，オオタカやノスリ類，ミサゴでは時速45〜70km，コチョウゲンボウでは時速50〜70km という調査結果があります。旋回中の対気速度※はこれより遅く，小形のタカ類では時速20km 以下のことが多いようです。旋回時，滑翔時ともに，小形のタカより大形のタカのほうが速い傾向があります。

スピードといえば気になるのはハヤブサです。水平飛行では通常，時速50km ほどで移動しているようですが，ハンティング時の連続写真を解析して降下速度を算出した中には時速437km という記録がありました。これはちょっと信じられない数字です。

※：飛翔体と大気（空気）との相対速度。飛翔体と地表面に対する相対的な水平速度は対地速度という。

水平飛行するサシバたちの動画を加工して航跡を描き出した。水平に飛ぶときもかなりの上下動がある。また，点像の間隔が広い航跡と，狭い航跡とがあり，同じ条件下でも，タカたちの飛翔速度に違いがあることがわかる

Q タカはどれくらいの高さを飛ぶのでしょうか?

A タカ類の多くは地上から1,000m以下の高さを飛んでいます。もちろん，気象条件などにより飛行高度はさまざまに変化しますが，世界各地で実施された調査結果をまとめると，タカが良好なコンディションで長距離移動する際の高度は300〜800m程度のことが多いようです。筆者もタカの飛行高度を調べた経験がありますが，この範囲の高さを飛ぶものが多数を占めていました。ちなみに，頭上800mの高さを飛ぶサシバを地上から見ると，ほどよく雲が浮かんでいた場合，少し頑張れば肉眼でキャッチできるものの，快晴の場合は見落としてしまうことが少なくありません。

1,000mを超える高さを飛ぶ場合もありますが，ほとんどは1,200mぐらいまでで，1,500m以上の高さを飛ぶことはかなり稀です。ただ，それ以上の高さをタカが飛んでいた事例も数多く報告されています。極端な例では西アフリカの上空，高度11,300mを飛んでいた航空機にマダラハゲワシが衝突した事故があります。そこは低温・低酸素濃度という厳しい環境。驚くべき記録です。

Q タカはなぜ渡りをするのですか?

A 基本は食物を得るためです。ハチクマの例で考えてみましょう。ハチクマが越冬する熱帯地域には姿形や習性がよく似た近縁種が留鳥として通年暮らしています。それに対しハチクマは，片道10,000kmもの移動を毎年くり返します。その目的は温帯地域の夏に爆発的に発生するハチを利用して子育てをするためです。熱帯地域では年間を通して安定してハチを食べられますが，その発生量は少量です。一方，温帯域では夏をピークにたくさんのハチが同時発生し，子育てには都合がよいのです。繁殖効率のよさと，渡りのリスクを天秤にかけ，ハチクマは前者を選択しました。

日本では冬になるとハチクマが好む昆虫やカエルが姿を消すので，すべての個体が南へと渡りますが，もう少し暖かい地域ではどうでしょう？ 例えば台湾では，かつて渡り鳥だったハチクマが留鳥化しているそうです。渡りの習性が必ずしも固定的ではないことを示す事例です。日本でも大半のツミが遠距離の渡りをする一方で，日本国内で越冬するものもあり，「なぜ渡る？」への答えは，そう簡単なものではありません。

土中からシダクロスズメバチの巣を取り出したハチクマの成鳥雄。9月上旬，白樺峠の山中に設置したセンサーカメラによる撮影。この時期のクロスズメバチ類の巣は，ハチクマが食べきれないほどのサイズになっているものが少なくない。これから始まる長旅のために，しっかり食べて体脂肪を蓄える

Q タカが群れをなすのはなぜですか?

A たくさんのタカが群れ飛ぶ光景は渡り観察のクライマックスですが,この群れにはいくつかの機能があると考えられます。

一つは,渡りに好適な気流を見つけやすくなること。上昇気流の中に多くのタカが集まって旋回する様子は「鷹柱」と呼ばれ,この鷹柱に後続のタカがどんどん合流するシーンがしばしば見られます。タカは周囲の仲間の動きを見ることで上昇気流の発生場所や強度を知ることができ,お互い,効率的に移動できます。また,同種と一緒に移動すれば,進行方向を間違うことなく,旅を続けられるでしょう。特に初めて渡りを経験する幼鳥は,群れに参加するメリットが大きいと思われます。

天敵を見つけやすくなることも,群れの機能の一つです。サシバやノスリは上空を飛ぶイヌワシを極端に恐れますが,たくさんの眼があればイヌワシをより早く発見でき,捕食されるリスクが減ります。ツミやアカハラダカであれば,ハヤブサに襲われるかもしれません。サシバを観察していると,移動を休止するときにも強い集合性が現れることがわかります。夕刻,梢で休んでいるサシバの近くに,何羽ものサシバが降りてくるのが見られるのです。近くで仲間が休んでいれば,テンなどの天敵の接近を察知する機会が増えるのでしょう。

上昇気流の中で旋回するアカハラダカの群れ。アカハラダカは群れで移動するメリットが大きいのだろう　9月 烏帽子岳

Q タカは家族で一緒に渡りますか?

A 家族では渡りません。ツルやハクチョウ, ガン類は家族単位の集団をつくって長距離移動をします。しかしタカ類やハヤブサ類は, 雛が巣立った後, しばらくの間は親鳥が幼鳥への給餌を行うものの, クマタカなどの一部の種を除き, 幼鳥に対する援助は短期間で終わらせ, 秋の渡りを始める前に家族関係が解消してしまいます。

親鳥が子どもを引き連れて渡れば, より安全に越冬地まで移動できるはずですが, タカ類にはこうした習性がありません。ハチクマは巣立ち後わずか1か月ほどで東シナ海を越えて大陸へと向かいますが, 親鳥の助けもなく, これを成し遂げるのです。また, 夫婦関係も渡りの時期にはすっかり薄れてしまうようで, 移動時期も越冬場所も別々だったという事例が数多く報告されています。

Q タカの雌雄に大きさの違いがあるのはなぜですか?

A 本書では, 種ごとの解説(18〜59ページ)の中に, 雌雄の体格差を数値化したものを掲載しています。これは雌に対する雄の体格比で, 最小はハイタカの61%, 最大はハチクマの92%です。種によって数値にかなりの違いがありますが, そこには一つの傾向があります。それは, 小鳥などを追いかけるタイプの狩りをする種では数値が小さく, 屍肉や昆虫など, 追いかける必要のないものを食べる種で数値が大きいことです。実際, ハイタカは小鳥を常食する一方, ハチクマの好物であるスズメバチの幼虫は, 決して逃げることがありません。また, ハイタカ類の中でもツミの66%に対し, ほぼ同サイズのアカハラダカは89%と, 数値に差が見られます。これはツミが主に小鳥を捕らえ, アカハラダカが昆虫やカエルなどを主な食物にするという, 食性の違いによるものです。雌の体が大きいメリットとして, 大きな卵を産めること, 抱卵時の熱効率を上げられること, 卵や雛を天敵から守るときに有利な点が考えられます。また, 雄の体が小さいことのメリットとして, 小回りの効く体を活かして小さな獲物を捕らえられる点があります。雌雄で別々の獲物を利用できれば, テリトリー内の食物資源が増えることになるのです。

鳥類全体を見ると, 雌雄の大きさは同じか, 雄のほうが大きい種が一般的で, タカ類とハヤブサ類は少数派です。タカを観察するとき, ぜひ, 雌雄の体格差にも着目してみてください。

ハヤブサ成鳥雄(左)がなわばりに入り込んだ幼鳥雌(右)を牽制する。この幼鳥は雌でもかなり大柄。通常, 繁殖ペアを比較しても, ここまでの体格差はない

Q タカの寿命はどれくらいですか?

A 中形のタカは15年ほど生きられるようです。一方、琵琶湖で越冬するオオワシのある個体は26シーズン続けて飛来しました。また、足環を付けたハチクマの例では、筆者らの研究チームが20年以上の生存を確認しています。さらに標識されたオオタカでは18年という事例があります。これらはいわば生理的寿命の年数で、不運なアクシデントに遭遇することなく生存できた個体です。平均寿命で考えれば、これよりはるかに短くなるでしょう。

野生のタカたちはさまざまなリスクやストレスの中で日々暮らしており、特に若い個体にとっては苦難の連続でしょう。繁殖年齢に達する前に命を落とすものが少なくないと予想されます。はじめに15年という数字を上げましたが、この年数は、「運がよければ」という前置きが必ず付くと思ってください。

2009〜2023年まで龍飛崎で暮らした雌のハヤブサ。初登場のときの羽色から2006年生まれと推定され、満17歳まで生存していたことになる。写真は2023年春に撮影したもの。この年は高齢のせいか全体的に色褪せ、風切先端が著しく摩耗していた。ハンティングの成功率も明らかに低下し、かつては得意だったカラス狩りも失敗続き。見ていてあわれな気持ちになった

Q タカが渡る時期は何によって決まるのですか?

A タカは最適期に子育てをできるよう、春の渡りのタイミングを決めています。サシバであれば、育雛期や幼鳥が独立するころにカエルやヘビ、昆虫などが容易に手に入ることを最優先に年間スケジュールが組まれていて、繁殖地への移動時期もそれに従います。一方、オオワシは体が大きいぶん、抱卵・育雛期間がたいへん長くなります。そのため、春の移動を早々に終わらせる必要があり、宗谷岬では、まだ真冬のような風景の中をオオワシたちが北上します。ハチの幼虫が大好物のハチクマは、ハチの巣が十分に大きくなった時期に雛を育てるほうが有利なので、ほかのタカよりかなり遅く産卵します。したがって繁殖地への到着も遅い時期になります。繁殖活動を行わない若いタカは、自分自身の食生活を優先するため、多くは成鳥より遅れて移動します。

秋の渡りに関しては、何によって移動のタイミングが決まるのかよくわかりません。食物が欠乏するよりずっと早い時期に繁殖地を離れるタカが多いので、越冬地に早く到着することには、食物確保の面でかなりのメリットがありそうです。

Q タカの渡り調査とはどんな活動ですか?

A タカの渡り調査には，発信機やレーダーを使うもの，捕獲してさまざまな情報を得るものなどがありますが，ここでは，渡り観察地で実施されているカウント調査について説明しましょう。

「タカの渡り全国ネットワーク」のホームページを見ると，日本各地にたくさんの調査地点があることに驚かされますが，ここに提供されている情報は，どんなタカが，いつ，何羽通過したかを記録した定点調査の結果です。これらの調査は一部の例外を除き，アマチュア研究者たちによるボランティア活動によって支えられています。調査体制は地元の野鳥観察団体のメンバーが当番を決めて実施するケースや，個人で連日，調査を続けるケースなどさまざまです。調査項目は種ごとの通過個体数を基本に，年齢，性別，飛行高度，移動方向など，調査地点によって若干異なります。原始的な手法ではありますが，こうした調査でしか得られない情報もたくさんあるのです。

筆者が秋の渡りシーズンを過ごす白樺峠では，30年以上データを積み重ねてきました。本書では，その成果を101ページと111ページで紹介しています。白樺峠の調査期間は9月初め～11月中旬，夏の終わり～初冬まで，季節が移り変わるのを実感しながら，毎日，タカを数えて過ごします。こうした調査が日本各地に広がりつつあるのはすばらしいことですが，人材不足に悩む調査地も少なくありません。本書をきっかけに，調査に参加してみたいと思う人が増えてくれれば幸いです。興味のある方は，ぜひ現地の調査メンバーに声をかけてみてください。

筆者の調査ノート。龍飛崎で2024年3月31日に記録を取った中の1ページ。市販のノートに罫線を追加し，記号を駆使しながら観察情報を書き込んでゆく。バインダーには4色ボールペンと時計を装着

渡るタカの衛星追跡

衛星追跡調査とは

　タカの渡り研究の長い歴史の中でも，人工衛星を利用した追跡調査は目ざましい成果を挙げている。1980年代にスタートした動物の衛星追跡は，当初，大形の陸上哺乳類や海洋性哺乳類を対象にしていた。その後の機器の軽量化により，ハクチョウやツルなどの大形鳥類にも装着できるようになり，1995年にはオオワシやオジロワシの衛星追跡がスタート。21世紀に入るとサシバやハチクマへと調査対象が広がった。

　人工衛星を利用してタカの位置情報を得るには2つの方法がある。1つはタカに送信機を装着するシステムで，そこから発せられた電波を人工衛星が受信し，その信号を解析することで位置を知るも

の。これは「アルゴスシステム」と呼ばれるものだ。もう1つはタカに受信機を装着するもので，カーナビなどと同じ「GPSシステム」を利用する。人工衛星から発信される電波をキャッチすることで位置情報が得られる。サシバ，ハチクマの衛星追跡調査は前者でスタートしたが，近年の調査は，より高い精度の位置情報が得られる後者を使ったものが多い。現在，主流となっている「GPSデータロガー」「GPSタグ」「GPS発信機」などと呼ばれる送受信機は，GPSシステムによって得られた位置情報を機器内に蓄積し，それを携帯電話の回線を使って送信してくれる。携帯電話の圏外に滞在中のデータも，圏内に戻るまで保存する機能をもった優れものだ。これらは小型化も進んでおり，最小のものは2g程度とのことだ。ツミやアカハラダカといった小形種を含め，どんなタカでも衛星追跡できる時代となっている。

追跡調査の事例

❶オジロワシ（図1）

　オオワシ，オジロワシなど海ワシ類の調査では，北海道南部から追跡した2羽のオジロワシの移動経路が興味深い。この2羽は宗谷岬，サハリンを経由して大陸へと渡った後，オホーツク海に沿って北東へと進んでいった。そして，1羽はカムチャッカ半島の基部で越夏，もう1羽は半島の中央部まで南下して越夏した。秋になるとこの2個体はカムチャッカ半島を南下しはじめ，千島列島を経由し北海道とエトロフ島に達している。彼らはオホーツク海を時計回りにぐるりと一周したのだ。

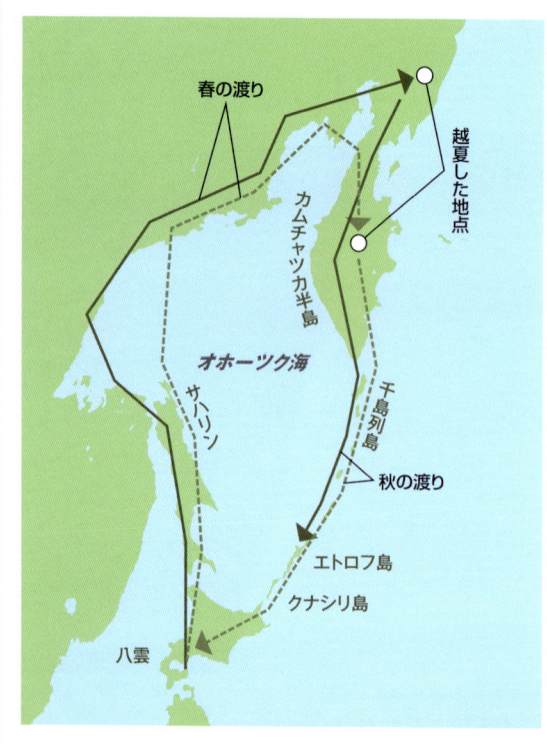

図1：オジロワシの渡り
『鳥たちの旅　渡り鳥の衛星追跡（樋口広芳著　日本放送出版協会）』より作図

❷サシバ（図2）

サシバの追跡調査を続ける中で，本州で繁殖するもの（図2左）と，九州で繁殖するもの（図2右）とで移動パターンに違いがあることが見えてきた。関東地方や東北地方から追跡されたサシバは，少数が台湾に達した以外，そのほとんどが南西諸島で越冬している。一方，九州から追跡されたものは南西諸島からさらに南へと移動し，フィリピンで越冬している。本州で繁殖するサシバと九州で繁殖するサシバでは遺伝的な相違も指摘されており，個体群として別々の歴史を刻んできたことがうかがえる。

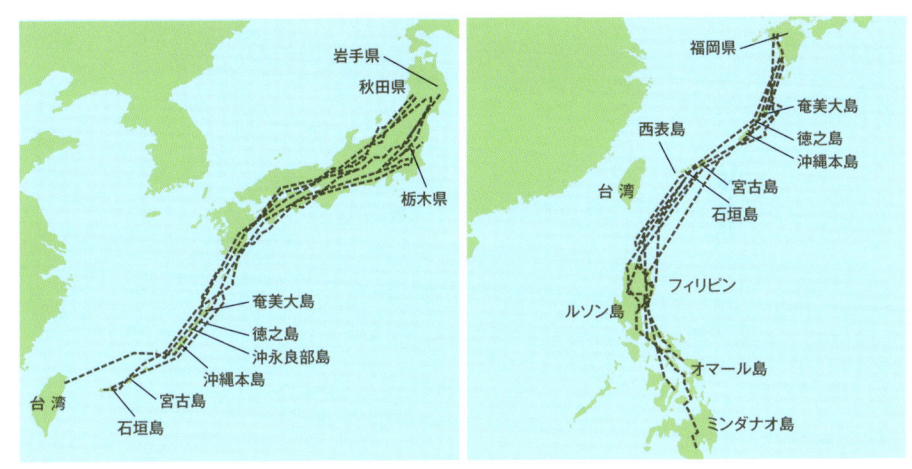

図2：サシバの渡り
『鳥の渡り生態学（樋口広芳編　東京大学出版会）』より作図

背中に送受信機らしき機器を装着したノスリ成鳥。電源にソーラーパネルを使っている。腰のあたりに羽毛の乱れが認められるが，機器を装着するためのハーネスによるものだろう。2018年4月　龍飛崎

図3：ハチクマの渡り
『鳥たちの旅　渡り鳥の衛星追跡（樋口広芳著
日本放送出版協会）』より作図

図4：アカハラダカの渡り
国立嘉義大学棲地生態研究室 fecebook より作図
(https://www.facebook.com/photo.php?fbid=841
272264666436&id=10006351010
8884&set=a.127197219407281)

❸ハチクマ（図3）

　日本国内で繁殖するハチクマは，アルゴスシステムを利用した数十個体の調査事例がある。最初の調査シーズンである2003年夏〜秋に3羽のハチクマに送信機が装着された。ここでは，そのうちの1羽（成鳥雌）の移動経路を図示している。秋，長野県を出発したこの個体は，本州を西に進んだ後に九州北部，五島列島を経由して東シナ海上をほぼ真西に横断し，中国大陸に上陸。マレー半島を南下してジャワ島まで移動して越冬した。春の移動は中国大陸を秋よりも内陸側を北上して朝鮮半島の付け根まで進み，ここで大きく南へと進行方向を変えて半島を南下。九州北部に上陸後，本州を東へと進み長野県の繁殖地に戻った。その後に追跡された数多くのハチクマたちも，これと似た移動経路をたどっており，最初期の調査でハチクマの典型的な渡りの様子を明らかにすることができた。当時，

ハチクマたちのダイナミックな旅路には本当に驚かされたものだが，この個体の経路を示したかった大きな理由がもう一つある。この個体の捕獲と送信機の装着作業を担当したのは筆者であり，たいへん思い出深く，誇らしい事例なのだ。

❹アカハラダカ（図4）

　アカハラダカは，台湾と韓国の合同研究チームが追跡調査を実施している。その調査結果が発表される以前，我々のイメージするアカハラダカの秋の移動経路といえば，朝鮮半島から対馬，九州，南西諸島を陸伝いに南下する，というものだった。ところが，これとは別の経路をたどる個体が少なくないことが明らかにされた。個体によっては，朝鮮半島を出発した後，島一つない東シナ海上を宮古諸島や台湾まで飛び続けている。九州を経由した個体も沖縄島を通過した後は，その先の島をたどらず

図5: ツミの渡り
(https://www.argos-system.org/chinese-and-japense-sparrowhawks-fly-over-the-east-asian-continent/) より作図

にフィリピンへと直行している。あの小さなアカハラダカが, これほどの飛翔力を持つことに驚かされる。今後は, 春の移動経路も明らかになってくるであろう。遠くからもエールを送りたい研究プロジェクトだ。

❺ツミ（図5）

　ツミはタイで捕獲された個体の追跡事例が発表されている。今のところ, 日本国内で繁殖するものはこの調査で記録されていないが, たいへん興味深いものなので紹介する。捕獲されたのは, マレー半島の幅が最も狭まる地域で, ハチクマ, ツミ, アカハラダカなど, 数多くのタカが通過する世界的に知られた観察スポットもある。2016年の秋, 4羽の雌に重さ4.5gのアルゴス送信機が装着された。これらのツミはボルネオ島やバンカ島などに移動して越冬。春はマレー半島を北上し, 遠いものではロシアまで北上した。地図を見ればわかるとおり, 到達点は日本列島よりもずっと北に位置している。日本で繁殖するツミの多くが東南アジアで越冬すると考えられているが, どのような移動経路をたどるのだろうか。近々, それが明らかになりそうな期待をもたせる事例だ。

江戸時代の渡りウォッチング

「鷹ひとつ　み付けてうれし　いらご崎」

伊良湖岬のメインの観察地点である恋路ヶ浜駐車場。その北東1.2kmほどのところに松尾芭蕉の古い句碑がある。この句は，1687年に芭蕉がこの地を訪れたときに詠まれたもので，句碑の周囲は公園として整備されている。渡り観察の際に立ち寄りたいスポットだ。ところで，芭蕉はサシバを見たのだろうか？

芭蕉が当地にやってきたのは新暦だと12月中旬のことで，サシバを見た可能性は低い。実際に芭蕉が見た「鷹」は越冬中のハヤブサで，久々に再会した愛弟子に例えたとする説が有力だ。伊良湖岬の鷹を読んだ歌には，12世紀の歌人，西行の「巣鷹わたる　いらごが崎をうたがひて　なお木にかへる　山がへりかな」がある。西行は1186年の9月下旬に伊良湖岬を訪れており，このときに見たタカであればサシバの可能性が高い。また，12〜13世紀の歌人，藤原家隆も伊良湖の鷹の

歌を残している。芭蕉はこれらの歌を知っていて，「鷹ひとつ」の句が生まれたと考えるのがよさそうだ。西行の時代，渡りに関する知識がどの程度だったのかはわからないが，芭蕉の紀行文からは，この岬からタカたちが渡ってゆくことを，彼がしっかり認識していたことが読みとれる。

1775年に出版された「三河刪補松」には「富士山ヨリ鷹一飛ニ三河ノ伊良湖ニ来リ夫ヨリ河州平泉寺山ヘート飛ニ行ク鷹自然ノ性也」との記載がある。「河州」とは大阪南部のことだが，写本によってはこの部分が「阿州」と読める。この場合は徳島県へと飛ぶことになり，どちらもサシバの移動経路と見事に一致する。「平泉寺山」の地名は現在，使われておらず，残念ながらその所在は不明だ。双眼鏡も電話もなく，書状のやりとりにも苦労した時代に，こんなにも正確な渡り情報が，人々に共有されていたことに驚かされる。

渥美の森展望台から伊良湖岬方向を望む。右に見えている白い大きな建物が伊良湖オーシャンリゾート（旧ビューホテル）である。岬はホテルの左下に位置するが隠れて見えない。左の三角形の島が神島。その奥は紀伊半島。この海峡をタカたちが渡ってゆくことは，800年以上も前から知られていたらしい

三河刪補松の画像は以下のホームページで公開されている。
https://websv.aichi-pref-library.jp/wahon/pdf/1103267690-001.pdf

ノスリ Eastern Buzzard

BIRDER
バーダー

日本で唯一の野鳥雑誌「BIRDER（バーダー）」。
四季折々の野鳥グラビア、イラスト、生態、識別の仕方、観察に必要なアイテム、
鳥類生理学、探鳥地情報など、鳥を知り、環境について考えるための記事が満載です。

特　集	観察のノウハウや研究ネタまで、初心者から楽しく読める
連　載	識別、生態、探鳥地、観察記録……毎号読めば鳥見力UP
グラフィック	野鳥撮影の第一人者たちによる魅力的な写真の数々をグラビアで
ニュース	国内の野鳥最新情報や、気になる野鳥観察グッズをどこよりも早く紹介

BIRDERデジタル版（電子版）
価格 ● 定価880円（税込）

▶ 最新号は発売日より、雑誌の富士山マガジン、電子書籍ストアhonto、アマゾンKindle、楽天kobo電子ストア、ヨドバシ.comなどでお求めいただけます。
▶ パソコン、スマートフォン、タブレットでご利用いただけます。1アカウントで複数台のご利用が可能。詳しくは各電子書籍ストアでご確認ください。

雑誌 BIRDER（バーダー）

発売	毎月16日（月刊誌）
価格	定価1,100円（税込）
体裁	B5判　80ページ
発行	文一総合出版
電子版あり	

文一総合出版　〒102-0074 東京都千代田区九段南3-2-5 ハトヤ九段ビル4F　Tel 03-6261-4105　https://www.bun-ichi.co.jp/

参考文献

■ Bildstein,K.L.(2006) "MIgrating Raptors of the World" Cornell University Press.

■ Dobler, V. G., R. Schneider, and A. Schweis., 1991. Influx of Rough-legged Buzzards (*Buteo lagopus*) into southwestern Germany (Baden-Wurttemberg) in the winter 1986/87. Vogelwarte 36:1-18.

■ Ferguson-Lees,J.,and D.A.Christie（2001）" Raprors of the World" Houghton Miffin.

■樋口広芳（2005)「鳥たちの旅　渡り鳥の衛星追跡」NHK ブックス .

■樋口広芳編（2013)「日本のタカ学」東京大学出版会

■樋口広芳（2014)「日本の鳥の世界」平凡社 .

■樋口広芳編（2021)「鳥の渡り生態学」東京大学出版会 .

■岩見恭子（2011)「トビ」バードリサーチニュース8(10)：4-5.

■ジョナサン・エルフィック（2000)「世界の渡り鳥アトラス」ニュートンプレス .

■久野公啓（2008)「タカの渡りを楽しむ本」文一総合出版 .

■真木広造（2012)「ワシタカ・ハヤブサ識別図鑑」平凡社 .

■三上かつら・今兼四郎・久野公啓・佐伯元子・吉岡俊朗 . (2014) 「津軽海峡を越えるシマエナガ」Strix 30: 77–86.

■森岡照明・叶内拓哉・川田隆・山形則男（2005)「図鑑 日本のワシタカ類」文一総合出版 .

■ Newton,I.（2008)" Migration Ecology of Birds" Academic Press.

■ Newton,I.（2010)" Bird Migration" Collns.

■ポール・ケリンガー（2000)「鳥の渡りを調べてみたら」文一総合出版 .

■佐藤栄治（2006）「アサギマダラ 海を渡る蝶の謎」山と渓谷社 .

■信州ワシタカ類渡り調査研究グループ（2003）「タカの渡り観察ガイドブック」文一総合出版 .

■タカの渡り全国集会 in 信州2000実行委員会（2000）「タカの渡り 2000」信州ワシタカ類渡り調査研究グループ .

■ Toru Nakahara, Kazuya Nagai, Fumitaka Iseki, Toshiro Yoshioka, Fumihito Nakayama and Noriyuki M.Yamaguchi (2022) GPS tracking of the two subspecies of the Eastern Buzzard (*Buteo japonicus*)reveals a migratory divide along the Sea of Japan. IBIS.

■辻淳夫（1987）「芭蕉の見た鷹」學鐙84（9）：32-35.

■辻淳夫（1990）「伊良湖岬でのタカと小鳥の渡り」日本の生物 ,4(6):22-29

■渡辺靖夫・越山洋三・先崎啓究・伊関文隆（2012）「フィールドガイド日本の猛禽類 vol.01 ミサゴ」西本眞里子植物画工房マカロン .

■渡辺靖夫・先崎啓究・伊関文隆・越山洋三（2013）「フィールドガイド日本の猛禽類 vol.02 サシバ」西本眞里子植物画工房マカロン .

■渡辺靖夫・伊関文隆・越山洋三・先崎啓究（2015）「フィールドガイド日本の猛禽類 vol.03 ハイタカ」フィールドデータ .

■渡辺靖夫・越山洋三・先崎啓究・伊関文隆（2017）「フィールドガイド日本の猛禽類 vol.04 ノスリ」フィールドデータ .

■ Weidensaul,S.（1996）"The Raptor Almanac" The Lyons Press

■山形則男（2016）「タカ・ハヤブサ類 飛翔ハンドブック」文一総合出版 .

■山岸哲・森岡弘之・樋口広芳監修（2004）「鳥類学辞典」昭和堂 .

■ Yamaguchi, N., Arisawa, Y., Shimada, Y. and Higuchi, H., 2012. Real-time weather analysis reveals the adaptability of direct sea-crossing by raptors. Journal of Ethology 30:1-10.

■著者略歴

久野公啓【くの・きみひろ】

1965年、愛知県生まれ。信州大学農学部卒業。1980年に初めて伊良湖岬のタカの渡りを見る。1985年より同地のカウント調査に参加。1991年秋からは白樺峠, 1995年春からは龍飛崎でも調査開始。近年は春と秋, 合わせて4か月ほどの期間, 渡り鳥を数えて日々を過ごす。好きな鳥はヤマガラ, ゴジュウカラ, ヒヨドリ, カラス。苦手な鳥はオオタカ, ハイタカ (好きな鳥を襲うから)。著書に「タカの渡りを楽しむ本」(小社刊), 「田んぼで出会う 花・虫・鳥」(築地書館), 共著に「日本のタカ学」,「鳥の渡り生態学」(東京大学出版会),「タカの渡り観察ガイドブック」(小社刊), 共訳に「コウモリ 進化・生態・行動」(八坂書房) などがある。YouTube では "久野公啓" のチャンネル名で動画を投稿。長野県野生傷病鳥獣救護ボランティア登録。

YouTube チャンネル
https://www.youtube.com/@user-th5hz9ij1t

■デザイン　茂手木将人 (STUDIO9)

BIRDER\SPECIAL タカの渡り観察マニュアル

2024年9月15日　初版第1刷発行

著　者　久野公啓 (くの きみひろ)
発行者　斉藤博
発行所　株式会社 文一総合出版
〒102-0074　東京都千代田区九段南3-2-5 ハトヤ九段ビル 4F
TEL：03-6261-4105　FAX：03-6261-4236
URL：https://www.bun-ichi.co.jp　振替：00120-5-42149
印刷所　奥村印刷株式会社
©Kimihiro Kuno 2024　ISBN978-4-8299-7516-9　Printed in Japan
NDC488　148 × 210mm　144P